FOSSILES CARACTÉRISTIQUES

Ère tertiaire

Ère quaternaire

Lt-Colonel LAMOUCHE

FOSSILES CARACTÉRISTIQUES

Préface de M. Ch. BARROIS
Membre de l'Institut
Professeur de Géologie à la Faculté des Sciences de Lille

SIXIÈME FASCICULE

Terrains de l'ère tertiaire
(Types de végétaux tertiaires — Néogène)

Terrains de l'ère quaternaire
44 planches, 427 figures, 187 espèces

PARIS
LIBRAIRIE SCIENTIFIQUE J. HERMANN
6, RUE DE LA SORBONNE, 6

1927

FOSSILES CARACTÉRISTIQUES

Explication des 44 planches
du sixième fascicule

1º Chaque fossile est reproduit en grandeur naturelle, sauf indication de réduction ou de grossissement mise en abrégé à côté de la figure.

2º Les fossiles sont groupés par séries dont chacune porte un numéro d'ordre et correspond à une des grandes divisions de la stratigraphie.

3º Chaque espèce porte deux numéros séparés par un point. Le petit numéro, celui de droite, est celui de la série, donc de l'étage. Le numéro en caractères plus gros, celui de gauche, est le numéro d'ordre du fossile dans la série.

Cette notation a été adoptée pour rendre l'album indéfiniment perfectible puisque chaque série est illimitée.

Une série portant la marque VT est relative à des types de végétaux de l'ère tertiaire.

VT. — TYPES DE VÉGÉTAUX DE L'ÈRE TERTIAIRE

Pendant le Crétacé, l'évolution des végétaux était caractérisée par le grand développement des angiospermes.

Cette évolution vers les formes actuelles s'accentue rapidement au Tertiaire.

Les plantes tertiaires ont généralement des affinités très étroites avec les plantes actuelles.

Quatre facteurs principaux interviennent : la latitude, l'altitude, la température, le quantum des pluies.

Pendant l'ère tertiaire, il y a plus encore de modifications dans la répartition des végétaux que de transformations morphologiques.

« ... L'évolution des formes est marquée par la disparition de certains types et par le recul progressif de certains éléments vers le Sud, tandis que des espèces nouvelles plus septentrionales acquièrent de plus en plus d'importance. Quelques espèces ont présenté un développement parallèle en Europe, dans l'Amérique du Nord et en Extrême-Orient; en même temps que d'autres apparues plus tard dans notre flore européenne, elles se sont maintenues sur le continent américain et en Asie, tandis que les unes et les autres ont disparu de nos régions. *Cet appauvrissement de la flore européenne en espèces aujourd'hui exotiques est l'un des faits généraux les plus importants qui ressortent de l'étude des flores tertiaires et il a été particulièrement marqué vers le Miocène supérieur, le Pliocène et les premiers temps quaternaires.* » (G. Depape, *loc. cit.*).

Il est donc rationnel de présenter les types de végétaux en les groupant par grandes régions où vivent encore des formes semblables aux formes fossiles.

Algues.

1.vt. — *Coralliodendron (Ovulites) margaritula* [LAMARCK]. Algue calcaire confondue avec les foraminifères et appartenant au groupe des Siphonées dichotomes (Lutétien). — A. Rameau restauré et grossi 2 fois. — B et C. Ouvertures des canaux placées au milieu de petites surfaces à peine convexes, délimitées les unes des autres par un sillon souvent très peu accusé — D. Articles isolés, grossis 2 fois. — 13 : Article de dichotomisation présentant 2 ouvertures à sa partie supérieure. Munier-Chalmas, Bull. Soc. Géol. Fr., 3ᵉ série, t. VII, 1878-1879, p. 668, fig. 3. 23 et 24 : Articles isolés, grossis 6 fois. Hardouin Michelin. Iconographie zoophytologique, Paris, 1840-1847, pl. 46, fig. 23 et 24.

2.vt. — *Dactylopora cylindracea* LAMARCK. Auversien. — *a)* Aspect général, grossi 3 fois. — *b)* Section longitudinale grossie 5 fois (la calcification interne manque). — *c)* et *d)* Sections transversales, grossies 5 fois. L. et J. Morellet. Les Dasycladacées du tertiaire parisien ; Mém. Soc. Géol. Fr. (paléontologie), n° 47, 1913, pl. III, fig. 1 à 4.

Types de végétaux *ARCHAIQUES.*

3.vt. — *Lygodium Gaudini* HEER. Oligocène inférieur. — *a)* Fronde stérile. — *b)* Un groupe de sores fortement grossi. — *c)* Fronde fertile. L. Laurent, Flore des calcaires de Célas, Marseille, 1899, pl. I, fig. 11, 12 et 12a.

4.vt. — *Quercus drymeia* UNGER. Miocène et Pliocène. G. Depape, Recherches sur la Flore pliocène de la vallée du Rhône ; Paris, Masson, 1922, p. 145, fig. 17 (1 et 3).

5.vt. — *Dryophyllum Dewalquei* DE SAPORTA et MARION. Paléocène. De Saporta et Marion, Revision de la Flore Heersienne de Gelinden, Mém. cour. de l'Acad. roy. de Belgique, t. XLI, 1878, pl. VII, fig. 5.

6.vt. — *Dryophyllum curticellense* [WATELET] DE SAPORTA et MARION. Paléocène. Feuille entière à la base, y compris le pétiole, mutilée à l'extrême sommet. De Saporta et Marion, Revision de la Flore Heersienne de Gelinden, Mém. cour. de l'Acad. roy. de Belgique, t. XLI, 1878. pl. VII, fig. 6.

7.vt. — *Dryophyllum levalense* MARTY. Landénien. G. Depape. La Flore des grès landéniens du Nord de la France. Ann. Soc. Géol. du Nord, t. L, 1925, pl. I. fig. 13, gr. nat.

**Types de végétaux qu'on trouve à l'état fossile en France
et dont les représentants actuels vivent encore en *EUROPE*.**

8.vt. — *Nymphœa Ameliana* de Saporta. Aquitanien (Vit encore en Europe et
dans l'Asie tempérée) — *a)* Feuille intégralement conservée,
1/2 gr. nat. — *b)* Coussinet pétiolaire montrant la réunion des
cicatrices radiculaires, inscrites sur la déclivité du coussinet,
au-dessous du point d'insertion du pétiole ; gr. nat. De Saporta,
Recherches sur la végétation du niveau aquitanien de Manosque.
Mém. Soc. Géol. Fr., n° 9, II, 1891, pl. IV, fig. 1 et 3.

9.vt. — *Corylus Avellana* Linné. Plaisancien (Vit encore en Europe, y compris l'Ecosse, la Scandinavie et la Russie). L. Laurent, Flore plai-
sancienne des argiles cinéritiques de Niac (Cantal) ; in Ann. Mus.
Hist. Nat. Marseille, t. XII, 1908, p. 35, pl. IV, fig. 6.

10.vt. — *Ulmus Braunii* Heer. Miocène et Pliocène (Type paléontologique d'*Ulmus campestris* Linné qui vit en Eurasie et en Afrique septentrionale, dans les plaines et vallées, isolé ou en bosquets). Dessin
inédit (grossi 2 fois) de G. Depape ; la photographie de l'échantillon se trouve dans Depape, Recherches sur la Flore pliocène de
la vallée du Rhône, Paris, Masson, 1922, pl. IX, fig. 5.

11.vt. — *Fagus silvatica* Linné. Miocène (Vit encore en Eurasie, en forêts massives de plus en plus élevées vers le sud). Pierre Marty, Flore
miocène de Joursac (Cantal), Paris, 1903, pl. V, fig. 11.

12.vt. — *Alnus stenophylla* de Saporta et Marion. Pliocène (Variété paléontologique de *Alnus glutinosa* Gaertner qui vit en Eurasie et en
Afrique septentrionale, dans les forêts humides, au voisinage des
rivières). G. Depape, Recherches sur la Flore pliocène de la vallée
du Rhône, Paris, Masson, 1922, p. 139, fig. 14.

13.vt. — *Carpinus Betulus* Linné. Miocène (Vit encore en Europe occidentale
et méridionale ; bois, taillis humides, faibles altitudes). —
a) Grande feuille, gr. nat. — *b)* Fruit grossi 4 fois. Pierre
Marty, Flore miocène de Joursac (Cantal), Paris, 1903, pl. IV,
fig. 16. Clément Reid et Eleanor Reid, The Pliocene Floras of
the Dutch-Prussian Border, The Hague, 1915, p. 74, pl. IV, fig. 30.

14.vt. — *Populus Tremula* Linné. Pliocène (Vit encore en Eurasie et en Afrique
septentrionale, dans les forêts humides et au bord des eaux).
G. Depape, Recherches sur la Flore pliocène de la vallée du
Rhône, Paris, Masson, 1922, p. 131, fig. 10.

15.vt. — *Chara helicteres* Ad. Brongniart. Eocène. Forme typique grossie
15 fois. — *a)* et *b)* Base. — *c)* et *d)* Profil. — *e)* Sommet sans
coronule. — *f)* Sommet avec restes de la coronule. G. F. Dollfus
et P.-H. Fritel, Catalogue raisonné des characées fossiles du
bassin de Paris, Bull. Soc. Géol. Fr., 4ᵉ série, t. XIX, 1919,
p. 246, fig. 2.

16.vt. — *Trapa natans* Linné. Pliocène. Fruit, grossi 2 fois. Clément Reid et
Eleanor Reid, The Pliocene Floras of the Dutch-Prussian Border,
The Hague, 1915, p. 122, pl. XIV, fig. 10.

17. vt. — *Fagus decurrens* Reid. Pliocène (Variété paléontologique de *Fagus silvatica* Linné qui vit en Eurasie, en forêts massives de plus en
plus élevées vers le sud). — *a)* Cupule, grossie 2 fois. — *b)* Fruit,
grossi 2 fois. Clément Reid et Eleanor Reid, The Pliocene Floras
of the Dutch-Prussian Border, The Hague, 1915, p. 78, pl. V,
fig. 22 et 24.

18. vt. — *Ranunculus nemorosus* de Candolle. Pliocène. Achene, gr. 12 fois.
Clément Reid et Eleanor Reid, The Pliocene Floras of the Dutch-
Prussian Border, The Hague, 1915, p. 94, pl. VII, fig. 26.

19. vt. — *Vitis prævinifera* de Saporta. Vigne miocène du Mont Charray, près
de Privas (Ardèche). Vit encore en Europe et en Asie occidentale.
De Saporta, Le Monde des plantes avant l'apparition de l'homme,
Paris, 1879, p. 311, fig. 96'.

**Types de végétaux qu'on trouve à l'état fossile en France
et dont les représentants actuels vivent encore aux îles *CANARIES*.**

20. vt. *Oreodaphne Heeri* Gaudin. Pliocène. Type paléontologique de *Oreodaphne
fœtens* Nees. Feuille presque entière pour montrer le mode de
terminaison supérieure ; gr nat. De Saporta et Marion, Recherches sur les végétaux fossiles de Meximieux, Arch. Mus. Hist. Nat.
de Lyon, 1876, p. 112, pl. XXVI, fig. 9.

21. vt. — *Laurus canariensis* Webb. Pliocène. De Saporta et Marion, Recherches
sur les végétaux fossiles de Meximieux (Ain), Arch. Mus. Hist.
Nat. de Lyon, 1876, pl. XXVIII, fig. 3, 5 et 7.

**Types de végétaux qu'on trouve à l'état fossile en France et dont les
représentants actuels vivent encore dans les *PAYS MÉDITERRANÉENS*
(ancienne *THÉTYS*).**

22. vt. — *Juglans acuminata* Al. Braun. Miocène. Type paléontologique de
Juglans regia Linné qui vit en Europe orientale, au Caucase, en
Asie mineure, en Perse, dans l'Inde septentrionale ; sur les ver-
sants des montagnes. Oswald Heer, Die tertiäre Flora der Schweiz.
III, Winterthur, 1859, p. 88, pl. CXXVIII, fig. 8.

23. vt. — *Callitris Brongniarti* Endlicher. Aquitanien. — *a)* Un ramule. —
b) Fruit, gr. nat. — *c)* Le même fruit, grossi. De Saporta, Etude
sur la végétation du Sud-Est de la France, à l'époque tertiaire.
Ann. Sc. Nat. Bot., 5e série, t. IV, 1865, p. 39, pl. I, fig. 6A, 6B, 6B'.

24. vt. — *Nerium sarthacense* de Saporta. Eocène. De Saporta et Marion, Recherches sur les végétaux fossiles de Meximieux (Ain), Arch. Mus.
Hist. Nat. de Lyon, 1876, pl. XXXVIII, fig. 2.

25.vt. — *Platanus aceroides* Gœppert. Miocène. Type paléontologique de *Platanus orientalis* Linné qui vit à Chypre, en Asie mineure, au Caucase, dans l'Himalaya, au bord des rivières. — *a)* Feuille ayant atteint son plein développement. — *b)* Fruit. — *c)* Le même grossi. Oswald Heer, Die tertiäre Flora der Schweiz, Winterthur, 1856, vol. II, p. 71, pl. LXXXVII, fig. 3, 5 et 5b.

26.vt. — *Smilax aspera* Linné, var. *mauritanica* Desfontaines. Pliocène. Dessin inédit de G. Depape ; la photographie de l'échantillon se trouve dans Depape, Recherches sur la Flore pliocène de la vallée du Rhône, Paris, Masson, 1922, pl. II, fig. 6.

27.vt — *Planera (Zelkova) Ungeri* Ettingshausen. Miocène. Forme tertiaire qui est représentée actuellement par deux formes asiatiques : *Zelkova crenata* Spach qui vit dans les forêts et les vallées du Caucase, et *Zelkova acuminata* Franchet qui vit au Japon. Oswald Heer, Die tertiäre Flora der Schweiz, Winterthur, 1856, vol. II, p. 60, pl. LXXX, fig. 3, 4, 5 et 5b.

**Types de végétaux qu'on trouve à l'état fossile en France
et dont les représentants actuels vivent encore en *EXTRÊME-ORIENT*.**

28.vt. — *Vitis subintegra* de Saporta. Pliocène. L. Laurent, Flore pliocène des cinérites du Pas de la Mougudo et de Saint-Vincent-la-Sabie (Cantal); Ann. Mus. Hist. Nat. de Marseille ; géologie, t. IX, 1904-1905, pl. XVIII, fig. 1 (un peu réduite).

29.vt. — *Torreya nucifera brevifolia* de Saporta et Marion. Pliocène. Vit au Japon à une altitude variable entre 160 m. et 1.200 m. et à la latitude comprise entre 40° et 30°. — *a)* Un ramule vu par sa face inférieure, gr. nat. — *b)* Une feuille isolée et grossie vue par-dessus et montrant la base d'insertion. De Saporta et Marion, Recherches sur les végétaux fossiles de Meximieux (Ain), Arch. Mus. Hist. Nat. de Lyon, 1876, p. 87, pl. XXII, fig. 7 et 7a.

30.vt. — *Glyptostrobus europæus* Ad. Brongniart. Miocène. Type paléontologique de *Glyptostrobus heterophyllus* Endlicher qui vit dans la Chine tropicale, sur les côtes basses ou les fonds marécageux, à une latitude comprise entre 36° et 24°. Branche avec un cône mûr. Oswald Heer, Die tertiäre Flora der Schweiz, Winterthur, 1855, I, p. 51, pl. XX, fig. 1a.

31.vt. — *Cinnamomum Martyi* Fritel. Sannoisien. Type paléontologique de *Cinnamomum villosum* Wight qui vit à Ceylan et dans l'Inde, L. Laurent, Flore fossile des schistes de Menat (Puy-de-Dôme). Ann. Mus. Hist. Nat. de Marseille, t. XIV, 1912, p. 116, pl. XIII, fig. 2.

32.vt. — *Cinnamomum Buchii* Heer. Miocène. Oswald Heer, Die tertiäre Flora der Schweiz, Winterthur, 1856, II, p. 90, pl. XCV, fig. 3.

33.vt. — *Ginkgo adiantoides* Unger. Eocène. Type paléontologique de *Ginkgo biloba* Linné qui vit en Chine et au Japon à une latitude comprise entre 40° et 30°. J. S. Gardner et C. B. Ettingshausen, A Monograph of the British Eocene Flora, II, Palæontographical Society, 1879-1882, p. 99, pl. XXV, fig. 2.

Types de végétaux qu'on trouve à l'état fossile en France, et dont les représentants actuels vivent encore en *AMÉRIQUE DU NORD*.

34.vt. — *Vitis sezannensis* de Saporta. Eocène inférieur. De Saporta, Le monde des plantes avant l'apparition de l'homme, Paris, 1879, p. 220, fig. 43.

35.vt. — *Sequoia (Taxites) Tournalii* [Ad. Brongniart] de Saporta (= *Sequoia Langsdorfii* Heer). Aquitanien. Type paléontologique de *Sequoia sempervirens* Endlicher qui vit dans les montagnes de Californie entre 1.500 m. et 2.200 m. d'altitude. — *a)* Un rameau. — *b)* Un ramule fructifère. — *c)* Un fruit, gr. nat. De Saporta, Etude sur la végétation du Sud-Est de la France à l'époque tertiaire, Ann. Sc. Nat. Bot.. 5e série, t. IV, 1865, p. 52, pl. 2, fig. 1A, 1C et 1D'. L. Laurent, Contribution à l'étude de la végétation du Sud-Est de la France, Flore de la basse vallée de l'Huveaune ; Ann. Fac. Sc. de Marseille, t. XII, fasc. III, 1902, p. 15.

36.vt. — *Comptonia (Myrica) dryandræfolia* [Ad. Brongniart]. Aquitanien. (= *Comptonia Schrankii* [Sternberg]). Type paléontologique de *Comptonia asplenifolia* Banks qui vit en Amérique du Nord. — *a)* Feuilles, gr. nat. — *b)* Un chaton composé d'écailles imbriquées, vu par le côté, grossi. De Saporta, Etude sur la végétation du Sud-Est de la France à l'époque tertiaire ; Ann. Sc. Nat. Bot., 5e série, t. IV, 1865, p. 94, pl. 5, fig. 8A, 8B et 8C'.

37.vt. — *Carya minor* de Saporta. Miocène. Type paléontologique de *Carya porcina* Nuttal qui vit dans l'Est des Etats-Unis d'Amérique, sur les bords des marais ou des rivières, entre 45° et 35° de latitude. Pierre Marty, Flore miocène de Joursac (Cantal), Paris, 1903, pl. XII, fig. 3.

38.vt. — *Liquidambar europæum* Braun. Miocène et Pliocène. Type paléontologique de *Liquidambar styraciflua* Linné qui vit dans l'Est, le Centre et le Sud des Etats-Unis d'Amérique, ainsi qu'au Mexique, dans les vallées et les plaines humides, entre 44° et 25° de latitude. Feuille complète d'après un échantillon original provenant d'Œningen, pour montrer les caractères et l'aspect de la race miocène. De Saporta et Marion, Recherches sur les végétaux fossiles de Meximieux (Ain) ; Arch. Mus. Hist. Nat. de Lyon, 1876, p. 102, pl. XXV, fig. 4.

39.vt. — *Juglans cinerea* Linné, *fossilis* Bronn. Pliocène supérieur. H. Engelhardt et F. Kinkelin, Oberpliocäne Flora und Fauna des Untermaintales, Frankfurt a. M., 1908, p. 236, pl. XXX, fig. 4a, gr. nat.

40.vt. — *Berchemia (Rhamnus) multinervis* [Al. Braun]. Miocène. Type paléontologique de *Berchemia volubilis* de Candolle qui vit dans les marécages de la Caroline et de la Floride, entre 35° et 30° de latitude. Oswald Heer, Die tertiäre Flora der Schweiz, Winterthur, 1859, III, p. 77, pl. CXXIII, fig. 18.

41.vt. — *Fagus pristina* DE SAPORTA. Aquitanien. Type paléontologique de *Fagus ferruginœa* AITON qui vit en Amérique du Nord. Feuille complète, gr. nat. De Saporta, Recherches sur la végétation du niveau aquitanien de Manosque ; Mém. Soc. Géol. Fr., no 9, III, 1892, pl. XII, fig. 3.

42.vt. — *Sassafras Ferrettianum* MASSALONGO. Pliocène. Type paléontologique de *Sassafras officinale* NEES qui vit dans l'Est et le Sud des États-Unis d'Amérique, sur les coteaux humides. Pierre Marty, Végétaux fossiles des cinérites pliocènes de Las Clausades (Cantal) ; Revue de la Haute Auvergne, Aurillac, 1905, pl. IV, fig. 4. N. Boulay, Flore pliocène des environs de Théziers (Gard), Paris, 1890, pl. IV, fig. 1.

43.vt. — *Sabalites primœva* [SCHIMPER] FRITEL (= *Flabellaria raphifolia* STERNBERG) (= *Sabalites andegavensis* [SCHIMPER] DE SAPORTA) d'après G. Depape. Landénien. Forme paléontologique de *Sabal Adansoni* GÆRTNER qui vit dans les dépressions marécageuses et sur les côtes de la Floride, de la Géorgie et de la Caroline. — *a)* Face supérieure. — *b)* Face inférieure. Echantillon trouvé dans un bloc de grès landénien qui s'est ouvert en tombant accidentellement du beffroi de Douai ; déposé au Musée de Douai. Gr. nat.

TABLEAU DE CONCORDANCE DE QUELQUES TERMES EMPLOYÉS DANS LA STRATIGRAPHIE

Époque								
Holocène		époque actuelle ———————		Flandrien {	supérieur ———————			Quaternaire
		du néolithique jusqu'aux temps historiques ———			moyen ———————			
	paléolithique récent {	Magdalénien }	faune froide :		inférieur ———————			
		Solutréen }				Würmien		
		Aurignacien						
		Moustiérien ———		Monastirien ———			Rissien	
Pleistocène	paléolithique ancien {	Achéuléen } — faune de transition		Tyrrhénien ———				
		Chelléen }					Mindelien	
		Préchelléen }						
			faune chaude :	Milazzien ———				Günzien
		Cromérien ———————		Sicilien ———				
Pliocène	supérieur {	{ St-Prestien / Villafranchien		Calabrien ——————— Amstélien				(2) } Pliocène supérieur des auteurs
		Red crag ———————		Astien ——————— Scaldisien				(1) } Néogène supérieur ou néoméditerranéen
	inférieur {	Coralline crag } / Lenhamien } ———————		Plaisancien ——————— Diestien				
Miocène	supérieur	Sabélien } / Sarmatien }	Redonien / facies Tortonien } / facies Helvétien }	Pontien (fac. conti.)	Anversien			Néogène moyen ou mésoméditerranéen
	moyen			Vindobonien	Boldérien			
	inférieur		Langhien	Burdigalien				Néogène inférieur ou éoméditerranéen
				Aquitanien ———————				

(2) Le terme Poederlien, aujourd'hui abandonné, désignait le facies littoral de la partie supérieure du Scaldisien.
(1) Le terme Casterlien, aujourd'hui abandonné, désignait la partie supérieure du Diestien.

54 — AQUITANIEN

1.₅₄. — *Cytherea undata* BASTEROT. Goldfuss, Petr. Germ., 2ᵉ édit. Leipzig, 1863, p. 229, pl. CXLIX, fig. 13 a b c d.

2.₅₄. — *Gryphœa (Crassostrea) aginensis* [TOURNOUER]. Aspect intérieur et extérieur des deux valves. 3/5 gr. nat. Cossmann et Peyrot, Conchologie néogénique de l'Aquitaine, Actes de la Soc. linn. de Bordeaux, t. LXVIII, 1914, pl. XXI, fig. 5 à 8.

3.₅₄. — *Melongena (Pyrula) Lainei* [BASTEROT], de Lapparent et Fritel, Fossiles caractéristiques des terrains sédimentaires, vol. III, Paris, 1886, pl. IX, fig. 2.

4.₅₄. — *Potamides (Cerithium) papaveraceus* [BASTEROT] (= *Ptychopotamides...*). Cossmann et Peyrot, Conchologie néogénique de l'Aquitaine, Actes de la Soc. linn. de Bordeaux, t. LXXIII, 1921, pl. VI, fig. 1, gr. nat.

55 — BURDIGALIEN

1.55. — *Echinolampas scutiformis* [LESKE]. Cottreau, Echinides néogènes du bassin méditerranéen, 1913, pl. 12, fig. 8 et 9.

2.55. — *Scutella paulensis* AGASSIZ. Lambert, Description des échinides néogènes du bassin du Rhône ; Mém. Soc. Paléon. Suisse, 1910-1913, pl. IV, fig. 10 à 13.

3.55. — *Scutella subrotunda* LAMARCK. De Loriol, Description des échinodermes tertiaires du Portugal ; Direction des travaux géologiques du Portugal, 1896, pl. III, fig. 2 et 2a.

4.55. — *Pecten subbenedictus* FONTANNES. — *a)* Une valve gauche. — *b)* Une valve droite, typique. — *c)* Profil. Depéret et Roman, Monographie des Pectinidés néogènes de l'Europe; Mém. Soc. Géol. Fr., n° 26, 1902, p. 40, fig. 18 et pl. V, fig. 1a et 2.

5.55. — *Flabellipecten (Amussiopecten) burdigalensis* [LAMARCK]. Depéret et Roman, Monographie des Pectinidés néogènes de l'Europe; Mém. Soc. Géol. Fr., n° 26, 1902, p. 150, fig. 65 et pl. XXI, fig. 1 et 1a. Cossmann et Peyrot, Conchologie néogénique de l'Aquitaine ; Actes de la Soc. linn. de Bordeaux, t. LXVIII, 1914, pl. XIV, fig. 20.

6.55. — *Mactra (Barymactra) substriatella* D'ORBIGNY. Cossmann et Peyrot, Conchologie néogénique de l'Aquitaine ; Actes de la Soc. linn. de Bordeaux, 1909, p. 173, pl. V, fig. 12, 28, 29 et 30.

7.55. — *Lucina (Divaricella) ornata* AGASSIZ. Dollfus et Dautzenberg, Conchyliologie du Miocène moyen du bassin de la Loire ; Mém. Soc. Géol. Fr., n° 27, 1902 à 1920, pl. XVIII, fig. 13 et 14.

8.55. — *Donax (Paradonax) transversa* DESHAYES. Cossmann et Peyrot, Conchologie néogénique de l'Aquitaine ; Actes de la Soc. linn. de Bordeaux, t. LXIV, 1910, pl. XI, fig. 18, 19 et 20.

9.55. — *Pecten præscabriusculus* FONTANNES. Cette valve droite, un peu usée, présente 15 côtes rondes striées avec l'ornementation typique et correspond bien ainsi au type décrit par Fontannes. Brives, Fossiles miocènes (1re partie) ; Matériaux pour la Carte géologique de l'Algérie, 1897, pl. I, fig. 7.

10.55. — *Pectunculus (Axinæa) pilosus* [LINNÉ] Hörnes, Die Fossilen Mollusken des tertiär-Beckens von Wien ; II, 1870, p. 316, pl. 40, fig. 1 (réduite).

11.55. — *Pectunculus cor* LAMARCK. Dollfus. Etude critique sur quelques fossiles du Bordelais; Actes de la Soc. linn. de Bordeaux, t. LXII, 1909, pl. IV, fig. 3 et 4.

12.55. — *Melongena (Pyrula) cornuta* AGASSIZ. Hörnes, Die Fossilen Mollusken des tertiär-Beckens von Wien, 1, 1856, pl. 29, fig. 1, 1/2 gr. nat.

13.₅₅. — *Oliva hiatula* Lᴀᴍᴀʀᴄᴋ. De Lapparent et Fritel, Fossiles caractéristiques des terrains sédimentaires, III, Paris, 1886, pl. X, fig. 25.

14.₅₅. — *Cancellaria acutangula* Lᴀᴍᴀʀᴄᴋ. De Lapparent et Fritel, Fossiles caractéristiques des terrains sédimentaires, III, Paris, 1886, pl. X, fig. 17.

15.₅₅. — *Euthriofusus (Fusus) burdigalensis* [Bᴀsᴛᴇʀoᴛ]. Hörnes, Die Fossilen Mollusken des tertiär-Beckens von Wien, I, 1856, pl. 32, fig. 13 a b.

16.₅₅. *Oxystele burdigalensis* Cossᴍᴀɴɴ et Pᴇʏʀoᴛ. Il s'agit de l'espèce burdigalienne appelée souvent *Trochus patulus*, désignation qui, d'après Cossmann et Peyrot, doit être réservée à une espèce du Pliocène décrite par Brocchi. Cossmann et Peyrot, Conchologie néogénique de l'Aquitaine, Actes de la Soc. linn. de Bordeaux, t. LXIX, 1915-1916, p. 256 et t. LXX, 1917-1918, pl. III, fig. 66, 67 et 68.

17.₅₅. — *Crucibulum deforme* [Lᴀᴍᴀʀᴄᴋ]. Cossmann et Peyrot, Conchologie néogénique de l'Aquitaine, Actes de la Soc. linn. de Bordeaux, t LXX, 1917-1918, pl. XIV, fig. 22, 23 et 24.

18.₅₅. — *Buccinum (Cominella) baccatum* Bᴀsᴛᴇʀoᴛ. Hörnes, Die Fossilen Mollusken des tertiär-Beckens von Wien, I, 1856, pl. 13, fig. 6 a b.

19.₅₅. — *Cancellaria cancellata* Lᴀᴍᴀʀᴄᴋ. Hörnes, Die Fossilen Mollusken des tertiär-Beckens von Wien, I, 1856, pl. 34, fig. 20 a b.

20.₅₅. — *Ficula (Pyrula) condita* [Aʟ. Bʀoɴɢɴɪᴀʀᴛ]. Cossmann et Peyrot, Conchologie néogénique de l'Aquitaine, Actes de la Soc. linn. de Bordeaux, t. LXXV, 1923, pl. XI, fig. 16.

21.₅₅. *Turritella terebralis* Lᴀᴍᴀʀᴄᴋ. Cossmann et Peyrot, Conchologie néogénique de l'Aquitaine, Actes de la Soc. linn. de Bordeaux, t. LXXIII, 1921, pl. 1, fig. 1 et 2.

22.₅₅. — *Proto (Turritella) cathedralis* [Aʟ. Bʀoɴɢɴɪᴀʀᴛ]. Echantillon type ; collection Brongniart, Laboratoire de Géologie de la Fac Sc. de Paris, reproduit d'après Palæontologia universalis, pl. 187.

23.₅₅. *Tudicula (Pyrula) rusticula* [Bᴀsᴛᴇʀoᴛ]. Hörnes, Die Fossilen Mollusken des tertiär-Beckens von Wien, I, 1856, pl. 27, fig. 2, 9a et 9b.

24.₅₅. *Carcharodon (Carcharias) megalodon* Aɢᴀssɪz. Figure type ; dent vue par la face interne et vue de profil. Agassiz. Recherches sur les Poissons fossiles, t. III, Neuchâtel, 1836, p. 247, pl. 29, fig. 2 et 2a. Cette espèce se trouve dès l'Aquitanien ; elle devient fréquente à partir du Burdigalien, jusqu'à la fin du Pliocène.

25.₅₅. — *Teleoceras (Rhinoceros) aurelianensis* [Noᴜᴇʟ]. — *a)* Tête osseuse, type de l'espèce ; 1/4 gr. nat. — *b)* Dentition supérieure gauche, P⁴, M¹, M², gr. nat. Lucien Mayet, Etude des Mammifères miocènes des sables de l'Orléanais et des faluns de la Touraine ; Ann. Univ. Lyon, nouvelle série, fasc. 24, 1908, pl. I et II.

26.₅₅. — *Dinotherium Cuvieri* KAUP. — *a)* Mandibule, type de l'espèce ; 1/4 gr.
nat. — *b)* Rangée dentaire gauche de la pièce précédente, gr. nat.
Lucien Mayet, Etude des Mammifères miocènes des sables de l'Orléanais et des faluns de la Touraine ; Ann. Univ. Lyon ; nouvelle
série, fasc. 24, 1908, pl. VIII, fig. 3 et 4.

27.₅₅. — *Mastodon angustidens* CUVIER. Dernière molaire supérieure, gr. nat.
Lucien Mayet, Etude des Mammifères miocènes des sables de l'Orléanais et des faluns de la Touraine ; Ann. Univ. Lyon ; nouvelle
série, fasc. 24, 1908, pl. VII, fig. 5.

28.₅₅. — *Anchitherium aurelianense* HERMANN VON MEYER [CUVIER]. Demi-mandi-
bule droite ; gr. nat. Fragment de mâchoire supérieure droite.
Restauration d'une patte de devant gauche, vue de face et du côté
interne ; 1/5 gr. nat. On a représenté à part la face supérieure
du 3e métacarpien. t) trapèze ; tr) trapézoïde ; g. o.) grand os ;
onc) onciforme ; 2 m, 3 m, 4 m, 5 m = 2ᵉ, 3ᵉ, 4ᵉ, 5ᵉ métacarpiens ;
p', p'', p''' = phalanges. Lucien Mayet, Etude des Mammifères
miocènes des sables de l'Orléanais et des faluns de la Touraine ;
Ann. Univ. Lyon, nouvelle série, fasc. 24, 1908, p. 125, fig. 45 ;
pl. IV, fig. 1, 3 et 4. Albert Gaudry, Les enchaînements du
monde animal, Mammifères tertiaires, Paris, 1878, p. 134, fig. 176.

29.₅₅. — *Procervulus aurelianensis* GAUDRY. — *a)* Ramure frontale type, 2/3 gr.
nat. — *b)*, *c)*, *d)* Ramure frontale ramifiée, mais sans pierrures
à la base, pour marquer l'endroit où le merrain du bois de cerf
se détache de son pédicule ; 2/3 gr. nat. Lucien Mayet, Etude des
Mammifères miocènes des sables de l'Orléanais et des faluns
de la Touraine; Ann. Univ. Lyon, nouvelle série, fasc. 24, 1908,
p. 288, fig. 94.

MIOCÈNE MOYEN = VINDOBONIEN
56 — faciès HELVÉTIEN

1.₅₆. — *Clypeaster altus* KLEIN var. *portentosus* DESMOULINS. — *a)* Profil droit
d'un individu âgé. — *b)* Le même, ouvert, montrant la structure
interne et l'appareil masticateur en place, gr. nat. Jean Cottreau, Les échinides néogènes du bassin méditerranéen ; Annales
de l'Institut océanographique, Paris, 1913, t. VI, fasc. 3, p. 145,
pl. VII, fig. 1 et 2.

2.₅₆. — *Terebratulina calathiscus* FISCHER. Locard, Description de la faune de
la mollasse marine et d'eau douce du Lyonnais et du Dauphiné,
1878, Ann. Mus. Hist. Nat. de Lyon, t. II, p. 159, pl. XIX, fig. 20
et 21, gr. 3 fois.

3.₅₆. — *Lucina columbella* LAMARCK. Dollfuss et Dautzenberg, Conchyliologie du
Miocène moyen du bassin de la Loire ; Mém. Soc. Géol. Fr.,
nº 27, 1902 à 1920, pl. XVII, fig. 8, 9, 15 et 16.

4.₅₆. — *Amphiope bioculata* DESMOULINS. — *a)* Face supérieure. — *b)* Face inférieure. Jean Cottreau, Les échinides néogènes du bassin méditerranéen ; Annales de l'Institut océanographique, Paris, 1913, t. VI,
fasc. 3, p. 135, pl. V, fig. 8 et pl. VI, fig. 2.

5.₅₆. — *Ostrea gryphoides* SCHLOTHEIM var. *crassissima* LAMARCK. Dollfus et
Dautzenberg, Conchyliologie du Miocène moyen du bassin de la
Loire ; Mém. Soc. Géol. Fr., nº 27, 1902-1920, pl. L, fig. 3, demi-
grandeur naturelle.

6.₅₆. — *Venericardia (Megacardia) Jouanneti* BASTEROT. Cossmann et Peyrot,
Conchologie néogénique de l'Aquitaine ; Actes de la Soc. linn. de
Bordeaux, t. LXVI, 1912, pl. III, fig. 1, 3 et 4.

7.₅₆. — *Murex (Muricantha) turonensis* DUJARDIN. Cossmann et Peyrot, Conchologie néogénique de l'Aquitaine ; Actes de la Soc. linn. de
Bordeaux, t. LXXV, 1923, pl. XIII, fig. 42 et 43.

8.₅₆. — *Clava bidentata* [DEFRANCE, GRATELOUP] *(= Cerithium bidentatum).*
Dollfus et Dautzenberg, Sur quelques coquilles fossiles nouvelles
ou mal connues des faluns de la Touraine ; Journal de Conchyliologie, vol. XLVII, 1899, p. 199, pl. IX, fig. 1 et 2.

9.₅₆. — *Aturia (Nautilus) aturi* [BASTEROT]. E.-A. Benoist, Coquilles fossiles
des terrains tertiaires moyens du sud-ouest de la France ; Actes
Soc. linn. de Bordeaux, t. XLII, 1889, p. 13, pl. II, fig. 1a et 1b.
G.-F. Dollfus, J. C. Berkeley Cotter et J.-P. Gomes, Mollusques
tertiaires du Portugal (Commission du service géologique du Portugal), 1903-1904, pl. 31, fig. 1a.

10.₅₆. — *Dinotherium bavaricum* HERMANN VON MEYER. M^2 supérieure droite, gr.
nat. Lucien Mayet, Etude des Mammifères miocènes des sables de
l'Orléanais et des faluns de la Touraine ; Ann. Univ. de Lyon,
nouvelle série, fasc. 24, 1908, pl. XII, fig. 3.

11.₃₅. — *Mastodon turicensis* Schinz. Dernière molaire inférieure, gr. nat. —
        a) Vue de côté. — *b)* Vue d'en haut. Lucien Mayet, Etude des
        Mammifères miocènes des sables de l'Orléanais et des faluns de
        la Touraine ; Ann. Univ. Lyon, nouvelle série, fasc. 24, 1908,
        pl. XI, fig. 4 et 5.

12.₃₆. — *Mastodon angustidens* Cuvier. Essai de restauration du squelette ;
        1/40 gr. nat. Albert Gaudry, Les enchaînements du monde animal ;
        Mammifères tertiaires, Paris, 1878, p. 174, fig. 226.

MIOCÈNE MOYEN = VINDOBONIEN

57 — faciès marin TORTONIEN et faciés saumatre
SARMATIEN

1.₅₇. — *Ancillaria glandiformis* LAMARCK. — *a)* et *b)* Figures extraites de Hörnes, Die Fossilen Mollusken des tertiär-Beckens von Wien, I, 1856, pl. 6, fig. 12 a b. — *c)* Figure extraite de Tournouer, Fossiles tongriens de Rennes, Bull. Soc. Géol. Fr., 3ᵉ série, t. VII, p. 471, pl. X, fig. 3.

2.₅₇. — *Ranella marginata* AL. BRONGNIART. Al Brongniart, Mémoire sur les terrains de sédiment supérieurs calcaréo-trappéens du Vicentin et de quelques terrains d'Italie, de France, d'Allemagne qui peuvent se rapporter à la même époque. Paris, 1823, pl. 6, fig. 7.

3.₅₇. — *Murex (Tubicantha) spinicosta* BRONN. Cossmann et Peyrot, Conchologie néogénique de l'Aquitaine ; Actes de la Soc. linn. de Bordeaux, t. LXXV, 1923, pl. XII, fig. 26 et 27.

4.₅₇. — *Pleurotoma obeliscus* DES MOULINS. Hörnes, Die Fossilen Mollusken des tertiär-Beckens von Wien, I, 1856, pl. 39, fig. 19 a b.

5.₅₇. — *Pleurotoma clathrata* MARCEL DE SERRES. Hörnes, Die Fossilen Mollusken des tertiär-Beckens von Wien, I, 1856, pl. 40, fig. 20 a b c.

6.₅₇. — *Pleurotoma asperulata* LAMARCK. Hörnes, Die Fossilen Mollusken des tertiär-Beckens von Wien, I, 1856, pl. 37, fig. 1 a b c.

7.₅₇. — *Pleurotoma cataphracta* [BROCCHI]. Hörnes, Die Fossilen Mollusken des tertiär-Beckens von Wien, I, 1856, pl. 36, fig. 7 a b et 8a.

8.₅₇. — *Cerithium pictum* BASTEROT. Hörnes, Die Fossilen Mollusken des tertiär-Beckens von Wien, I, 1856, pl. 41, fig. 15 a b.

9.₅₇. — *Pecten scabriusculus* MATHERON. Matheron, Catalogue méthodique et descriptif des corps organisés fossiles du département des Bouches-du-Rhône, Marseille, 1842, p. 187, pl. 30, fig. 8 et 9.

10.₅₇. — *Mactra podolica* EICHWALD. Hörnes, Die Fossilen Mollusken des tertiär-Beckens von Wien, II, 1870, p. 62, pl. 7, fig. 3a et 3c.

11.₅₇. — *Tapes gregarius* [PARTSCH]. Hörnes, Die Fossilen Mollusken des tertiär-Beckens von Wien, II, 1870, p. 115, pl. 11, fig. 2 et 2c.

12.₅₇. — *Trochus podolicus* DUBOIS DE MONTPÉREUX. — *a)* Figures types de Dubois de Montpéreux, Conchologie fossile et aperçu géognostique des formations du plateau Wolhyni-Podolien, Berlin, 1831, pl. III, fig. 1, 2 et 3. — *b)* Figures extraites de Hörnes, Die Fossilen Mollusken des tertiär-Beckens von Wien, I, 1856, pl. 45, fig. 2 a b c.

13.₅₇. — *Helix Christoli* MATHERON. Depéret et Sayn, Monographie de la faune fluvio-terrestre du Miocène supérieur de Cucuron ; Ann. Soc. linn. Lyon, LXVII, 1900, pl. I, fig. 70, 71 et 72.

14.₅₇. — *Helix galloprovincialis* MATHERON. Collot, Limacidés et Hélicidés des Faluns de Touraine, pl. IX, fig. 11, 11 *bis* et 11 *ter* in Feuille des jeunes naturalistes, avril-mai 1911, n° 486-487.

58 — MIOCÈNE SUPÉRIEUR

1.₅₈. — *Dreissensia (Congeria) subglobosa* [Partsch]. Hörnes, Die Fossilen Mollusken des tertiär-Beckens von Wien, II, 1870, p. 362, pl. 47, fig. 1.

2.₅₈. — *Oxyrhina hastalis* Agassiz. — *a)* Face externe et *b)* Profil d'une dent de la première file antérieure de la mâchoire supérieure d'un individu âgé ; gr. nat. – *c)* Face externe et *d)* Face interne d'une dent de la deuxième file latérale de la mâchoire supérieure d'un individu jeune ; gr. nat. Cette espèce présentait pendant tout le Néogène une vaste répartition géographique ; elle semble avoir atteint ses plus grandes dimensions dans l'Anversien supérieur et le Diestien. Maurice Leriche, Les poissons néogènes de la Belgique, Mém. Musée Roy. Hist. Nat. de Belgique, n° 32, 1926, p. 399, pl. XXXI, fig. 5 et 5a, 15 et 15a.

3.₅₈. — *Unio flabellata* Goldfuss. Goldfuss, Petr. Germ. Dusseldorf, 1834-1840, p. 182, pl. CXXXII, fig. 4.

4.₅₈. — *Nassa Michaudi* Thiollière. F. Fontannes, Etudes strat. et paléont. pour servir à l'histoire de la période tertiaire dans le bassin du Rhône. Le vallon de la Fuly et les sables à buccins des environs d'Heyrieu, Paris, Lyon, 1875, p. 36, pl. I, fig. 1, gr. nat.

5.₅₈. — *Paludina (Vivipara, Tylotoma) Sturi* Neumayr. Dr Melchior Neumayr, Erdgeschichte, zweiter Band, Leipzig, 1887, p. 408, fig. 4.

6.₅₈. — *Helix delphinensis* Fontannes. F. Fontannes, Etudes strat. et paléont. pour servir à l'histoire de la période tertiaire dans le bassin du Rhône. Le vallon de la Fuly et les sables à buccins des environs d'Heyrieu, Paris, Lyon, 1875, p. 41, pl. I, fig. 4, gr. nat.

7.₅₈. — *Planorbis Mantelli* Dunker. Deshayes, Description des animaux sans vertèbres découverts dans le bassin de Paris, atlas, t. II, 1866, pl. XLVII, fig. 25 à 27.

8.₅₈. — *Aceratherium incisivum* Kaup. — A) Crâne, vu de profil, 1/4 gr. nat. — B) Arrière-molaire supérieure gauche, gr. nat. Albert Gaudry, Les enchaînements du monde animal ; Mammifères tertiaires, Paris, 1878, p. 47, fig. 38 et p. 58, fig. 62

9.₅₈. — *Dinotherium giganteum* Kaup. Crâne, vu de profil, 1/10 gr. nat. Albert Gaudry, Les enchaînements du monde animal ; Mammifères tertiaires, Paris, 1878, p. 488, fig. 248, 1/10 gr. nat.

10.₅₈. — *Tragocerus amaltheus* [Wagner]. Restauration du squelette, 1/25 gr. nat. et arrière molaire supérieure gauche, gr. nat. Albert Gaudry, Les enchaînements du monde animal ; Mammifères tertiaires, Paris, 1878, p. 77, fig. 88 et p. 99, fig. 126.

11.₅₈. — *Palæoreas Lindermayeri* [Wagner]. Crâne, vu de profil, 2/5 gr. nat. Albert Gaudry, Les enchaînements du monde animal ; Mammifères tertiaires, Paris, 1878, p. 82, fig. 91.

12.₅₈. — *Rhinoceros pachygnathus* Wagner. Restauration du squelette, 1/25 gr. nat. : crâne, vu de profil, 1/4 gr. nat. ; arrière-molaire inférieure gauche, gr. nat. Albert Gaudry, Les enchaînements du monde animal ; Mammifères tertiaires, Paris, 1878, p. 44, fig. 34 ; p. 49, fig. 41 et p. 57, fig. 60.

13.₅₈. — *Hipparion gracile* [Kaup]. Restauration du squelette, 1/20 gr. nat. H) Patte de devant gauche, vue de face et du côté interne, 1/5 gr. nat. et deux molaires : la figure de gauche représente une molaire de lait inférieure gauche ; la figure du milieu représente une molaire inférieure gauche adulte qui est entamée par l'usure, gr. nat. — CH) Comme terme de comparaison, une patte de devant gauche d'un cheval, 1/5 gr. nat. et une molaire inférieure gauche d'un cheval actuel, gr. nat. — La dent du Cheval ne diffère de celle de l'Hipparion que parce que les denticules l, i' sont moins arrondis et se projettent en dehors. Albert Gaudry, Les enchaînements du monde animal ; Mammifères tertiaires, Paris, 1878, p. 125, fig. 156 ; p. 127, fig. 160, 161 et 162 ; p. 135, fig. 177 et p. 136, fig. 178.

59 — PLIOCÈNE

1.₅₉. — *Terebratula grandis* BLUMENBACH (= *Terebratula perforata* DEFRANCE).
Th. Davidson, A Monograph of the British Fossil Brachiopoda.
Part. I, The tertiary Brachiopoda, Palæontographical Society,
London, 1852, p. 16, pl. II, fig. 1, 2 et 3.

2.₅₉. — *Astarte borealis* CHEMNITZ. S. V. Wood, A Monograph of the Crag Mollusca, II, Bivalves, Palæontographical Society, London, 1851-1861,
p. 175, pl. XVI, fig. 3 a b.

3.₅₉. — *Astarte Omaliusi* DE LA JONKAIRE. S. V. Wood, A Monograph of the Crag
Mollusca, II, Bivalves, Palæontographical Society, London, 1851-
1861, p. 180, pl. XVII, fig. 1 a b.

4.₅₉. — *Arca diluvi* LAMARCK. Hörnes, Die Fossilen Mollusken des tertiär-
Beckens von Wien, II, 1870, p. 333, pl. 44, fig. 3 a b c.

5.₅₉. — *Venus (Cytherea) multilamella* [LAMARCK]. Hörnes. Die Fossilen Mollusken des tertiär-Beckens von Wien, II, 1870, p. 130, pl. 15,
fig. 2 a b c.

6.₅₉. — *Corbula striata* WALKER AND BOYS non LAMARCK (= *Tellina gibba* OLIVI).
S. V. Wood, A Monograph of the Crag Mollusca, II, Bivalves,
Palæontographical Society, London, 1851-1861, p. 274, pl. XXX,
fig. 3 a b c d.

7.₅₉. — *Cardium groenlandicum* CHEMNITZ. S. V. Wood, A Monograph of the
Crag Mollusca, II, Bivalves, Palæontographical Society, London,
1851-1861, p. 160, pl. XIII, fig. 1 a b.

8.₅₉. — *Isocardia cor* [LINNÉ]. Hœrnes. Die Fossilen Mollusken des tertiär-Beckens
von Wien, II, 1870, p. 163, pl. 20, fig. 2 a b c.

9.₅₉. — *Alectryonia (Ostrea) cucullata* [BORN]. Viguier, Le Pliocène de Montpel-
lier, Bull. Soc. Géol. Fr., 3e série, t. 17. 1889, p. 413, pl. X,
fig. 2-5.

10.₅₉. — *Ostrea lamellosa* BROCCHI. Hœrnes, Die Fossilen Mollusken des tertiär-
Beckens von Wien, II, 1870, p. 144, pl. 72, fig. 1 et 2.

11.₅₉. — *Pecten latissimus* [BROCCHI]. Hœrnes, Die Fossilen des tertiär-Beckens
von Wien, II, 1870, p. 395, pl. 57, fig. 1 et 2.

12.₅₉. — *Dentalium rectum* LINNÉ (= *Dentalium elephantinum* DESHAYES).
S. V. Wood, A Monograph of the Crag Mollusca, Palæontographical Society, Supplément, London, 1872-1874, pl. 92, pl. V,
fig. 19 a b.

13.₅₉. — *Dentalium sexangulum* SCHRŒTER (= *Dentalium sexangulare* LAMARCK).
F. W. Harmer, The pliocene Mollusca of Great Britain, Palæontographical Society, London, 1923, vol. II, part. III, p. 817,
pl. LXIII, fig. 28.

14.₅₉. *Chenopus (Aporrhais) pes pelecani* [Linné]. Hœrnes, Die Fossilen Mollusken des tertiär-Beckens von Wien, I, 1856, p. 194, pl. 18, fig. 2 a b.

15.₅₉. — *Potamides (Cerithium) Basteroti* [Marcel de Serres]. Formes coïncidant avec la diagnose donnée par l'auteur ; trois rangées de tubercules par tour ; gr. nat. Palæontologia universalis, pl. 61.

16.₅₉. — *Turritella vermicularis* [Brocchi]. Hœrnes, Die Fossilen Mollusken des tertiär-Beckens von Wien, I, 1856, p. 422, pl. 43, fig. 17.

17.₅₉. — *Turritella subangulata* [Brocchi]. Hœrnes, Die Fossilen Mollusken des tertiär-Beckens von Wien, I, 1856, p. 428, pl. 43, fig. 5.

18.₅₉. — *Nassa semistriata* [Brocchi]. — *a)* Figure type. Brocchi, Conchiologia fossile subappennina, Milano, 1843, vol. 2, atlas, pl. XV, fig. 15 a b. — *b)* Figures extraites de Fontannes, Les Mollusques pliocènes de la vallée du Rhône et du Roussillon, 1879-1882, t. I, p. 67, pl. V, fig. 10 et 11.

19.₅₉. — *Nassa prismatica* [Brocchi]. F. W. Harmer, The pliocene Mollusca of Great Britain ; Palæontographical Society, London, 1913, vol. I, part. I, p. 65, pl. III, fig. 1 et 2.

20.₅₉. — *Natica tigrina* Defrance. F. W. Harmer, The pliocene Mollusca of Great Britain ; Palæontographical Society, London, 1921, vol. II, part. II, p. 679, pl. LV, fig. 15.

21.₅₉. — *Voluta Lamberti* Sowerby. Sowerby, The Mineral Conchology of Great Britain, vol. II, 1818, pl. 129.

22.₅₉. — *Neptunea (Fusus, Chrysodomus) contraria* [Linné]. F. W. Harmer, The pliocene Mollusca of Great Britain, Palæontographical Society, London, 1913, vol. I, part. I, p. 156, pl. XVI, fig. 2.

23.₅₆. — *Fusus longirostris* [Brocchi]. Hœrnes, Die Fossilen Mollusken des tertiär-Beckens von Wien, I, 1856, p. 293, pl. 32, fig. 5 a b.

24.₅₉. — *Buccinum groenlandicum* Chemnitz. F. W. Harmer, The pliocene Molluska of Great Britain, Palæontographical Society, London, 1913, vol. I, part. I, p. 97, pl. VIII, fig. 4.

25.₅₉. — *Helix Chaixi* Michaud. Sandberger, Die Land-und Süsswasser-Conchylien der Vorwelt, Wiesbaden, 1870-1875, atlas, pl. XXVII, fig. 15, 15a et 15b.

26.₅₉. — *Elephas meridionalis* Nesti (Pliocène supérieur). M^3 droite, forme type du Val d'Arno supérieur. Institut géologique de Florence ; photographie du professeur Stephanini 1/2 gr. nat. Depéret et Mayet, Monographie des éléphants pliocènes d'Europe ; Ann. Univ. Lyon, nouvelle série, fasc. 42, 1923, pl. VI, fig. 5.

27.₅₉. — *Machairodus megonthereon* Croizer. Tête vue de profil, 1/2 gr. nat. i) incisives ; c) canines ; 3p) troisièmes prémolaires ; 4p) quatrièmes prémolaires ; celle de la mâchoire supérieure représente la carnassière ; 1a) première arrière-molaire inférieure (carnassière) ; i. m.) inter-maxillaire ; m) maxillaire ; s. o.) trou sous-orbitaire ; n) nasal ; j) jugal ; fr) frontal ; par) pariétal ; t) temporal ; zyg) arcade zygomatique ; oc) occipital ; c) condyle occipital. Albert Gaudry, Les enchaînements du monde animal ; Mammifères tertiaires, Paris, 1878, p. 221, fig. 293.

28.₅₉. — *Equus Stenonis* Cocchi. Rangée de dents de la mâchoire supérieure, gr. nat. de S. Paolo, entre Dusino et Asti ; l'original se trouve au musée de Turin. L. Rütimeyer, Weitere Beiträge zur Beurtheilung der Pferde der quaternär Epoche. Mém. Soc. Paléont. Suisse, 1875, vol. II, pl. I-II, fig. 5.

60 — QUATERNAIRE

1.₆₀ *Cyprina islandica* Linné. Maurice Gignoux. Les formations marines pliocènes et quaternaires de l'Italie du sud et de la Sicile ; Ann.
Univ. Lyon, nouvelle série, I, fasc. 36, 1913, pl. X, XI et XII.

2.₆₀. — *Tapes virgineus* Linné (= *Tapes edulis* Linné). W. C. Brœgger, Om
de Senglaciale og Postglaciale Nivaforandringer J Kristianiafeltet
(Molluskfaunan) Kristiania, 1900 et 1901, p. 392, fig. 35.

3.₆₀. — *Tapes pullastra* Montagu. W. C. Brœgger, Om de Senglaciale of Postglaciale Nivaforandringer J Kristianiafeltet (Molluskfaunan) Kristiania, 1900 et 1901, pl. VIII, fig. 2.

4.₆₀. — *Tapes Dianæ* [Requien]. Arnould Locard, Description de la faune des terrains tertiaires de la Corse; Paris, 1877, p. 190, pl. VII, fig. 1,
2 et 3.

5.₆₀. — *Tapes aureus* Gmelin var. *eemiensis* V. Nordmann. Victor Madsen,
V. Nordmann et N. Hartz; Eem-Zonerne. Studier over Cypri-
naleret og andre Eem-Aflejringer i Danmark, Nord Tyskland og
Holland. Kjöbenhavn, 1908, pl. XI, fig. 4.

6.₆₀. — *Tapes decussatus* [Linné]. S.V. Wood, A Monograph of the Crag Mollusca, Supplément, 1872-1874; Palæontographical Society, p. 145,
pl. X, fig. 4.

7.₆₀. — *Mya arenaria* Linné. S. V. Wood, A Monograph of the Crag Mollusca, II,
Bivalves, Palæontographical Society, 1851-1861, p. 279, pl. XXVIII,
fig. 2 a b.

8.₆₀. — *Mya truncata* Linné. Maurice Gignoux, Les formations marines pliocènes et quaternaires de l'Italie du sud et de la Sicile; Ann. Univ.
Lyon ; nouvelle série, I, fasc. 36, 1913, pl. IX, fig. 1 et 2.

9.₆₀. — *Cardium edule* Linné. K. Loppens, La variabilité chez *cardium edule*;
Ann. Soc. Roy. Zool. de Belgique, t. LIV, année 1923, Bruxelles,
mai 1924, p 33, pl. 1, fig. 4 et 13, forme normale. Hœrnes, Die
Fossilen Mollusken des tertiär-Beckens von Wien, II, 1870, p. 185,
pl. 25, fig. 2.

10.₆₀. — *Corbicula (Cyrena) fluminalis* [Müller]. Ch. Lyell, L'ancienneté de
l'homme prouvée par la géologie, Paris, 1864, p. 128, fig. 17.

11.₆₀. — *Dosinia exoleta* Linné. W. C. Brœgger, Om de Senglaciale og Postglaciale Nivaforandringer J Kristianiafeltet (Molluskfaunan) Kristiania, 1900 et 1901, pl. VIII, fig. 8 a b.

12.₆₀. — *Leda myalis* Couthouy. S. V. Wood, A Monograph of the Crag Mollusca, II, Bivalves, Palæontographical Society, 1851-1861, p. 90,
pl. 10, fig. 17.

13.60. — *Yoldia (Portlandia) arctica* Gray. — *a)* Echantillon, gr. nat. montrant
l'épiderme conservé, provenant de Sindal (Danemark), argile à
Y. arctica supérieure. Collection G. Dubois — *b)* Le même,
grossi deux fois. — *c)* Figures extraites de G. O. Sars, Bidrag til
Kundskaben om norges Arktiske fauna. I Mollusca regionis arctica
Norwegiæ, Christiania, 1878, p. 37, pl. 4, fig. 7, grossie 2 f. 1/2.

14.60. — *Saxicava pholadis* Linné. W. C. Brœgger, Om de Senglaciale og
Postglaciale Nivaforandringer J Kristianiafeltet (Molluskfaunan)
Kristiania, 1900 et 1901, pl. VII, fig. 8 a b.

15.60. — *Saxicava arctica* Linné. W. C. Brœgger, Om de Senglaciade og Postglaciale Nivaforandringer J Kristianiafeltet (Molluskfaunan) Kristiania, 1900 et 1901, pl. VII, fig. 2.

16.60. — *Pholas dactylus* Linné. — *a)* Vue de côté de la valve gauche, gr. nat.
— *b)* Vue des deux valves pour montrer les cinq petites plaques
calcaires (protoplaxes, mésoplaxes, métaplaxe) ou valves acces-
soires qui protègent la région des sommets. — *c)* Autre individu
montrant les longues apophyses styloïdes qui partent de la cavité
umbonale, et qui donnent insertion à un muscle élévateur du sac
viscéral et par conséquent du pied. Hidalgo, Moluscos marinos
de España, Portugal y las Baleares, t. 1, Madrid, 1870, pl. 47ᴬ,
fig. 1 et 2. E. Donovan, Hist. Nat. des Coquilles d'Angleterre,
traduit par J.-C. Chenu, Bibliothèque conchyliologique, I, pl. XXX,
fig. 9.

17.60. — *Tellina balthica* Linné. — *a)* Une valve droite, vue extérieure, gr. nat.
— *b)* Valve gauche, vue intérieure, gr. 3/2. — *c)* Valve droite,
vue intérieure, gr. 3/2. Collection G. Dubois (époque actuelle).

18.60. — *Strombus bubonius* Lamarck (= *Str. mediterraneus*). Maurice Gignoux,
Les formations marines pliocènes et quaternaires de l'Italie du
sud et de la Sicile ; Ann. Univ. Lyon ; nouvelle série, I, fasc. 36,
1913, pl. VI, fig. 1, gr. nat.

19.60. — *Buccinum undatum* Linné. W. C. Brœgger, Om de Senglaciale og Postglaciale Nivaforandringer J Kristianiafeltet (Molluskfaunan) Kristiania, 1900 et 1901, pl. XI, fig. 2 a b.

20.60. — *Patella vulgata* Linné. F. W. Harmer, The pliocene Mollusca of Great
Britain. Palæontographical Society, 1923, vol. II, part. III, p. 780,
pl. LXII, fig. 11, gr. nat.

21.60. — *Succinea oblonga* Draparnaud. F. W. Harmer, The pliocene Mollusca
of Great Britain, Palæontographical Society, 1913, vol. I, part. I,
p. 22, pl I, fig. 13 grossie.

22.60. — *Littorina littorea* [Linné]. F. W. Harmer, The pliocene Mollusca of
Great Britain, Palæontographical Society, 1920, vol. II, part. I,
p. 645, pl. LII, fig. 1.

23.60. — *Ancylus lacustris* [Linné]. — *a)* Individu vu de profil, gr. nat. —
b) Schéma grossi de l'individu vu par-dessus. Arnould Locard, Les
Coquilles des eaux douces et saumâtres de France. Paris, 1893,
p. 66, fig. 65 et 66.

24.₆₀. — *Cyclostoma elegans* Müller. — *a)* Echantillon, gr. nat., provenant du
lœss de Saint-Fons (Rhône). — *b)* Echantillon, gr. nat., provenant des tufs de la Buisse (Isère). Louis Germain, Etudes sur les
Mollusques terrestres et fluviatiles et quelques formations quaternaires des bassins du Rhône et du Rhin. Archives Mus. Hist. Nat.
Lyon ; 1911, t. XI, p. 89, pl. 4, fig. 140, 141, 144 et 145.

25.₆₀. — *Pupa muscorum* Müller. S. V. Wood, A Monograph of the Crag Mollusca, Supplément. 1872-1874, Palæontographical Society, p. 3,
pl. I, fig. 7 a b, grossie.

26.₆₀. — *Helix hispida* Linné. S. V. Wood, A Monograph of the Crag Mollusca, I,
Univalves, 1848, Palæontographical Society, p. 2, pl. I, fig. 3 a b c.

27.₆₀. — *Helix arbustorum* Linné. Sandberger, Die Land- und Süsswasser-
Conchylien der Vorwelt; Wiesbaden, 1870-1875, p. 805, pl. XXXVI,
fig. 1 et 1a.

28.₆₀. — *Rhinoceros Mercki* Kaup. — *a)* Les trois molaires de la mâchoire supérieure gauche, gr. nat. — *b)* Les deux dernières molaires de la
mandibule gauche, gr. nat. Echantillon provenant de Taubach,
coll. Fac. Sc. Lille. Marcellin Boule, Les grottes de Grimaldi,
t. I, fasc. III, imprimerie de Monaco, 1910, pl. XVI, fig. 5 et 6.

29.₆₀. — *Rhinoceros tichorhinus* Cuvier. — *a)* Reconstitution du Museum américain d'Hist. Nat. ; peinture de Charles R. Knight sous la direction
de H. F. Osborn. Henry, Fairfield Osborn, L'origine et l'évolution
de la vie ; Paris, Masson, 1920, p. 248, fig. 125. — *b)* Mâchoire
supérieure droite, gr. nat. — Photographie du moulage d'un
échantillon du Mus. Hist. Nat. de Paris, provenant d'Abbeville
(Somme). — *c)* Les deux dernières molaires de la mandibule
droite ; Echantillon de la Fac. Sc. Lille, provenant du Vésinet
(Seine-et-Oise), gr. nat.

30.₆₀. — *Elephas antiquus* Falconer. Dernière molaire inférieure droite, vue
de profil et par la couronne, 1/2 gr. nat. A. Leith Adams, Monograph on the British Fossil Elephants, London, 1877-1881, Palæontographical Society, pl. IV, fig. 1 et 1a.

31.₆₀. — *Elephas primigenius* Blumenbach. — *a)* Figure extraite d'une reconstitution par Osborn et Knight, 1/50 gr. nat. Henry, Fairfield Osborn,
The Elephants and Mastodonts Arrive in America ; Natural History,
vol. XXV, nᵒ 1, 1925, p. 21. — *b)* Dernière molaire supérieure
gauche, vue par la couronne 1/2 gr. nat. A. Leith Adams, Monograph on the British Fossil Elephants, London, 1877-1881, Palæontographical Society, pl. XIII, fig. 1a, 1/2 gr. nat.

32.₆₀. — *Machairodus latidens* Owen. — *a)* Canine supérieure gauche d'un
jeune adulte, gr. nat. — *b)* La même, vue en arrière, gr. nat.
W. B. Dawkins et W. A. Sanford, The british pleistocene Mammalia, Palæontographical Society, London, 1872, pl. XXV, fig. 1 et 3.

33.₆₀. — *Ursus spelœus* Blumenbach var. *minor*. — *a)* Squelette, 1/16 gr. nat.
— DS) Partie de la dentition supérieure, gr. nat. — DI) Partie de
la dentition inférieure, gr. nat. — 3p) 3ᵉ prémolaire. — 4p) 4ᵉ prémolaire. — Ca) Carnassière. — 1t) 1ʳᵉ tuberculeuse. — 2t) 2ᵉ tuberculeuse. Albert Gaudry et Marcellin Boule, Matériaux pour l'histoire des temps quaternaires, fasc. IV, 1892, Les oubliettes de
Gargas, près Montréjeau (Hautes-Pyrénées), pl. XX, XXI et XXII.

34.₆₀. — *Hyæna*... Une quatrième prémolaire supérieure droite, vue du côté
interne, gr. nat. — Une quatrième prémolaire et une molaire de
la mandibule droite, vues du côté interne, gr. nat. S. H. Reynolds,
A Monograph of the british pleistocene Mammalia. The Cave
Hyæna. Palæontographical Society, London, 1902, pl. IV, fig. 1 et 2.

35.₆₀. — *Hyæna crocuta* Erxleben race *spelæa*. Squelette, 1/12 gr. nat. Albert
Gaudry et Marcellin Boule, Matériaux pour l'histoire des temps
quaternaires, fasc. IV, 1892. Les oubliettes de Gargas, près Montréjeau (Hautes-Pyrénées), pl. XXIII.

36.₆₀. — *Citellus (Spermophilus) rufescens* [Keyserling et Blasius]. Reconstitution d'après une figure de Pallas 1778 V. Nordmann, Danmarks
Pattedyr i Fortiden, Kjöbenhavn, 1905, in Danmarks geologiske
Undersögelse, III, Raekke, Nr. 5, p.55, fig. 24. — A) Crâne considéré
d'en haut, gr nat., avec les bourrelets (renflements) bien visibles
de la région des yeux le long du front et l'os nasal considérable-
ment évasé. — B) Crâne considéré de côté, et mandibule. Joseph
Kafka, Recente und Fossile Nagethiere Böhmens, Prag. 1893 ;
Archiv der natürwissenschaft. Landesdurchforschung von Böh-
men, VIII, nº 5, p. 64, fig. 12.

37.₆₀. — *Dicrostonyx henseli* Hinton (= *Dicrostonyx torquatus* [Pallas] aucto-
rum). — S) Molaires supérieures gauches, grossies. — I) Molaires
inférieures gauches, grossies. Martin, A. C. Hinton, Monograph
of the voles and lemmings, London, 1926, printed by order of the
trustees of the british museum, p. 144, fig. 71-8 et p. 145, fig. 72-7.

38.₆₀. — *Lemmus lemmus* Linné. — *a)* Molaires supérieures droites, grossies. —
b) Molaires inférieures gauches, grossies. — *c)* Vue latérale, grossie 2 fois. — *d)* Vue dorsale, grossie 2 fois. Martin, A. C. Hinton,
Monograph of the voles and lemmings, London, 1926, printed by
order of the trustees of the british museum, p. 188, fig. 76 et
p. 189, fig. 77.

39.₆₀. — *Rangifer (Cervus) tarandus* [Linné]. Portion de mâchoire supérieure
avec la 4ᵉ prémolaire et les trois arrière-molaires, gr. nat. Marcellin Boule, Les grottes de Grimaldi, t. I, fasc. III, imprimerie
de Monaco, 1910, pl. XXV, fig. 3. Bois, 1/7 gr. nat. — A) Meule
ou cercle de pierrures. — B) Andouiller d'œil. — C) Andouiller
de fer. — E) Enfourchure. — M) Merrain. Le Merrain est la tige
principale d'où se détachent les andouillers. Les points de sépara-
tion des andouillers s'appellent empaumures.

40.₆₀. — *Ovibos moschatus* de Blainville. 1/6 gr. nat. V. Nordmann, Danmarks
Pattedyr i Fortiden, Kjöbenhavn, 1905, in Danmarks geologiske
Undersögelse, III, Raekke, Nr. 5, p. 36, fig. 14.

41.₆₀. — *Bos taurus urus* Linné (aurochs). Squelette, 1/30 gr. nat. et reconstitution d'après une peinture du xviᵉ siècle trouvée à Augsbourg.
V. Nordmann, Danmarks Pattedyr i Fortiden, Kjöbenhavn, 1905,
in Danmarks geologiske Undersögelse, III, Raekke, Nr. 5, p. 71,
fig. 30 et p. 74, fig. 33.

42.₆₀. — *Marmota marmota* Linné. Gr. nat. G. S. Miller, Catalogue of the Mammals of western Europe. London, 1912, p. 934, fig. 190 et p. 935,
fig. 191.

43.₆₀. — *Canis lupus* Linné. Squelette, 1/10 gr. nat. Albert Gaudry et Marcellin
Boule, Matériaux pour l'étude des temps quaternaires ; fasc. IV,
1892; Les oubliettes de Gargas, près Montréjeau (Hautes-Pyrénées),
pl. XXIV. Crâne et mandibule, vus de côté, 1/2 gr. nat. Crâne, vu
d'en haut, 1/2 gr. nat. G. S. Miller, Catalogue of the Mammals of
western Europe, London, 1912, p. 306, fig. 58 et p. 307, fig. 59.

44.₆₀. — *Sus scrofa* Linné. Crâne, vu d'en haut et de profil, 1/4 gr. nat. —
M. d.) Dernière molaire supérieure droite, gr. nat. — M. g.) Dernière molaire supérieure gauche, gr. nat. G. S. Miller, Catalogue
of the Mammals of western Europe, London, 1912, pp. 957, 958
et 959.

45.₆₀. — *Equus caballus* Linné. Deux molaires supérieures droites et deux molaires inférieures droites, gr. nat. Marcellin Boule, Les grottes de
Grimaldi, t. I, fasc. III, imprimerie de Monaco, 1910, pl. XIX,
fig. 1 et 4.

NOTE DE L'AUTEUR

En terminant cet album des « Fossiles caractéristiques » je tiens à adresser
mes plus sincères remerciements à tous ceux qui ont bien voulu m'aider et
que je n'avais pu citer dans ma préface :

MM. les Professeurs Welsch, W. Kilian (dont je salue respectueusement
la mémoire), Bigot, Roman, E. Fournier, P. Lemoine et Gignoux qui ont
aimablement répondu à mes demandes de renseignements.

M. l'abbé Dubar, docteur ès sciences, préparateur au laboratoire de géologie de la Faculté catholique des Sciences de Lille, qui m'a fait profiter de
ses études sur le Lias.

M. A. P. Dutertre, assistant à la Faculté des Sciences de Lille, qui a mis
à ma disposition ses connaissances bibliographiques du Jurassique et du
Miocène.

M. Leriche, professeur de Géologie aux Universités de Lille et de Bruxelles, qui a bien voulu me conseiller pour le Tertiaire.

M. le chanoine Depape, professeur de botanique à la Faculté catholique des Sciences de Lille, qui m'a fourni les éléments des planches relatives aux végétaux de l'ère tertiaire.

M. G. Dubois, chargé de cours à la Faculté des Sciences de Lille, qui, avec beaucoup de bonne grâce, m'a documenté sur le Quaternaire.

La Société des Sciences de Lille qui, sur le vu du seul premier fascicule, voulut bien, dès 1925, m'attribuer la médaille d'or de son prix Gosselet ! Geste dont je suis très honoré et qui fut pour moi un précieux encouragement.

A tous, encore une fois et très cordialement, merci !

Je dois ajouter que mon travail a été facilité par la consultation du fichier du Syndicat de documentation géologique et paléontologique, 61, rue de Buffon, Paris, Vᵉ.

Et maintenant, qu'on veuille bien me permettre de formuler un vœu.

Puisse cet album, tel qu'il est dans le cadre que je m'étais assigné, faciliter aux étudiants et aux amateurs l'accès des études géologiques !

Lieutenant-Colonel Lamouche.

Lille, le 10 novembre 1927.

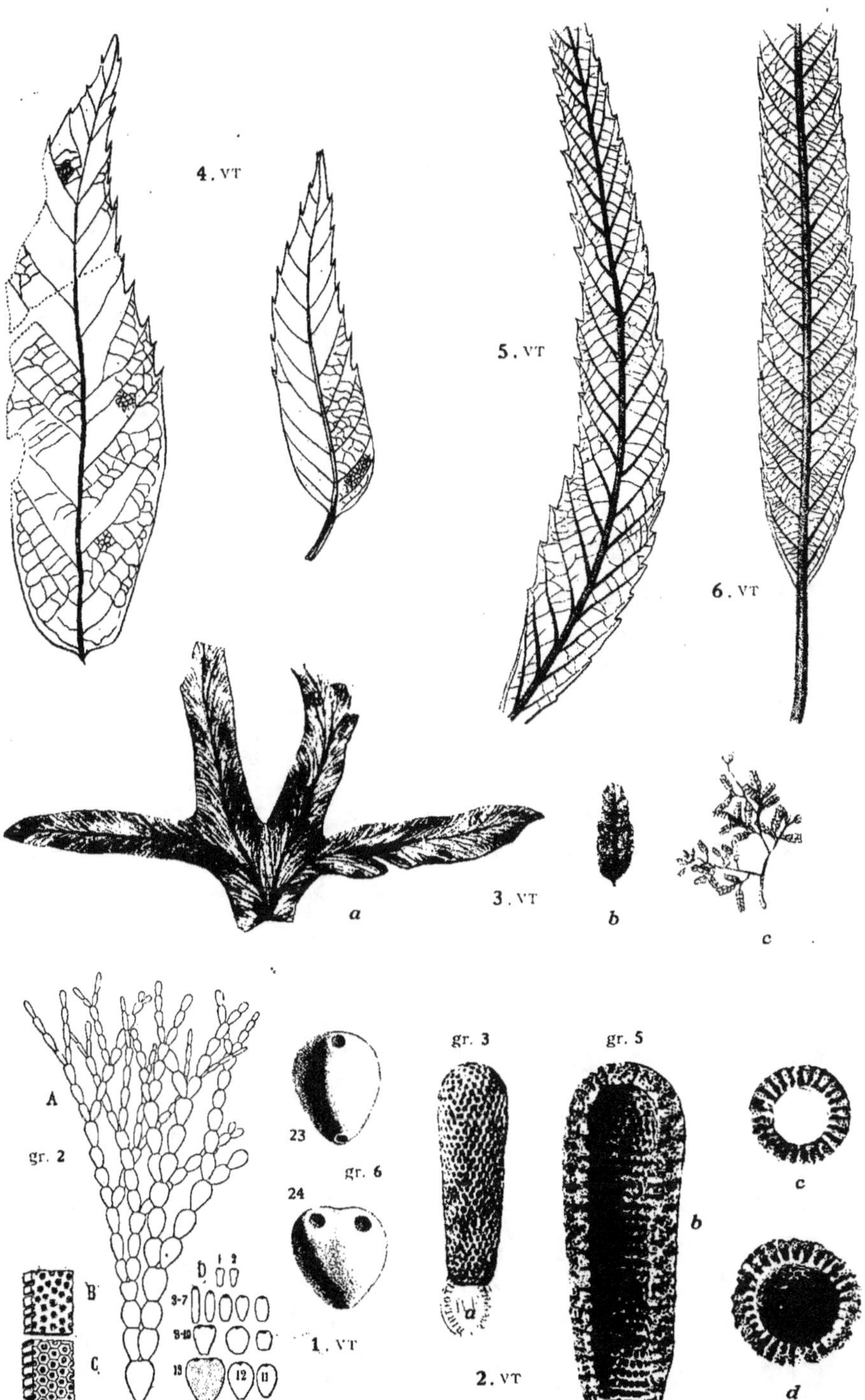

4. VT
5. VT
6. VT
3. VT
a
b
c
A
gr. 2
B
C
D
23
24
gr. 6
gr. 3
gr. 5
1. VT
2. VT
b
c
d

Imp. Tortellier et Cie, Arcueil (Seine)

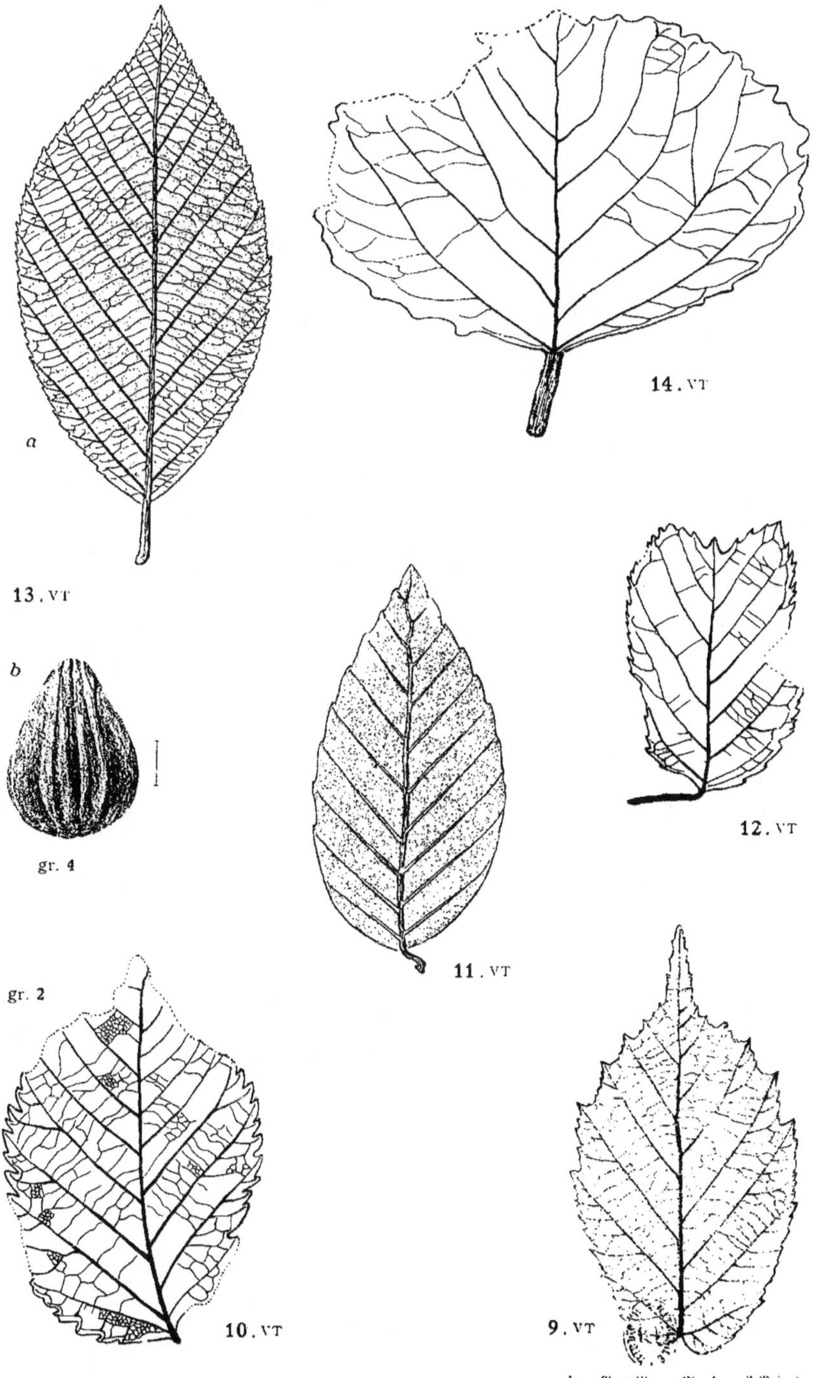

a

13 . VT

b

gr. 4

14 . VT

11 . VT

12 . VT

gr. 2

10 . VT

9 . VT

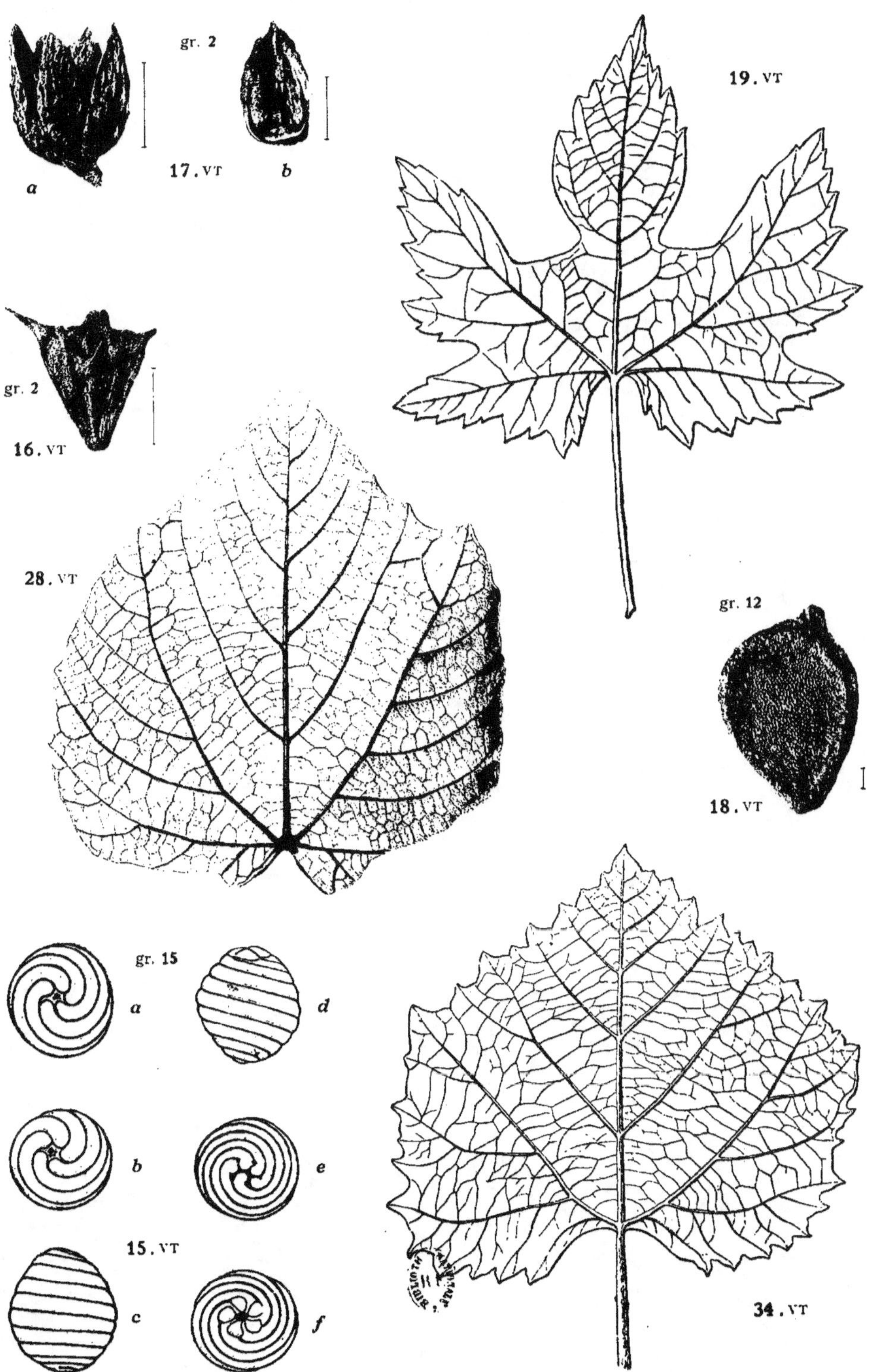

Imp. Tortellier et Cie, Arcueil (Seine)

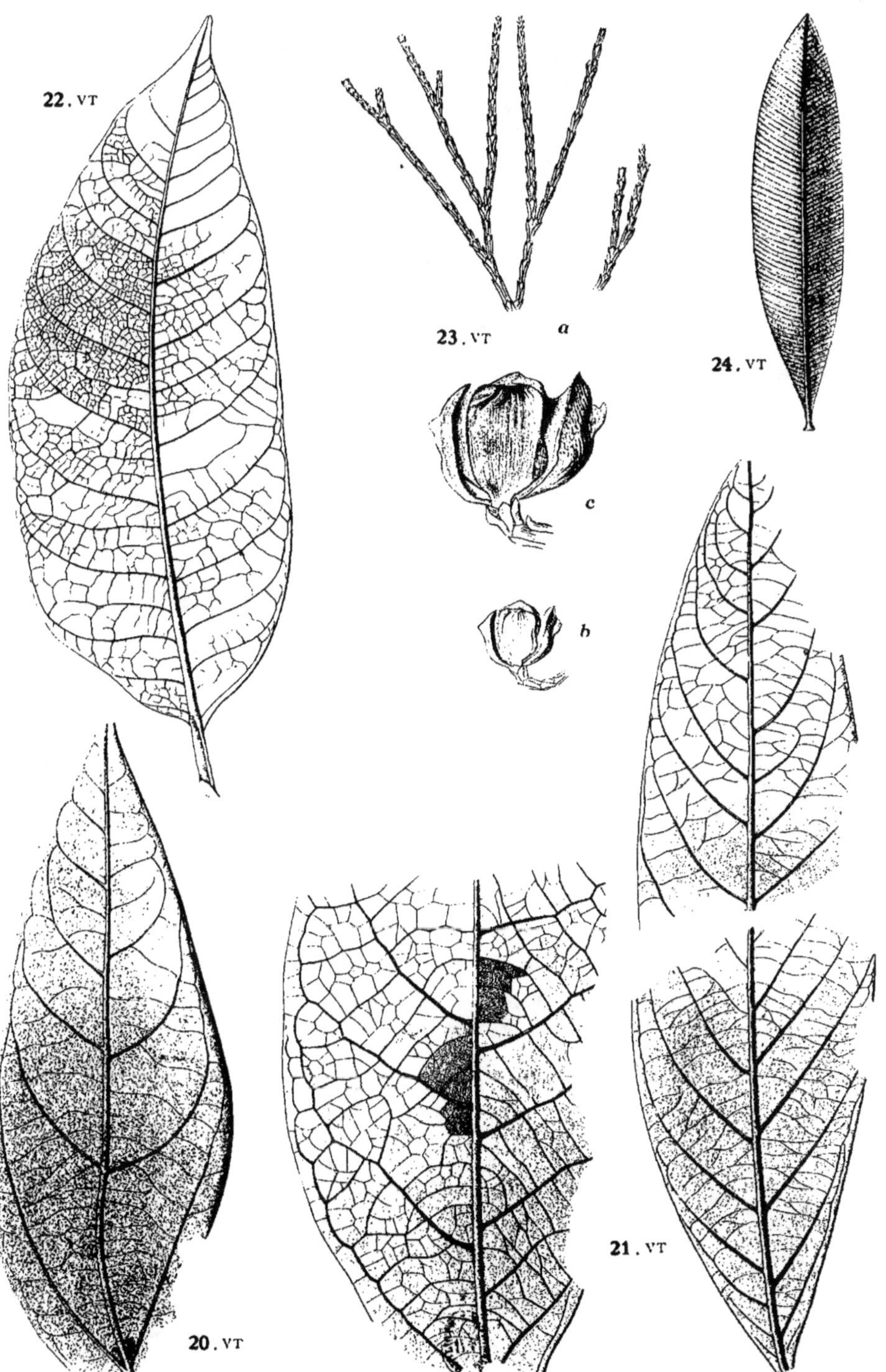

Imp. Tortellier et Cie. Arcueil (Seine)

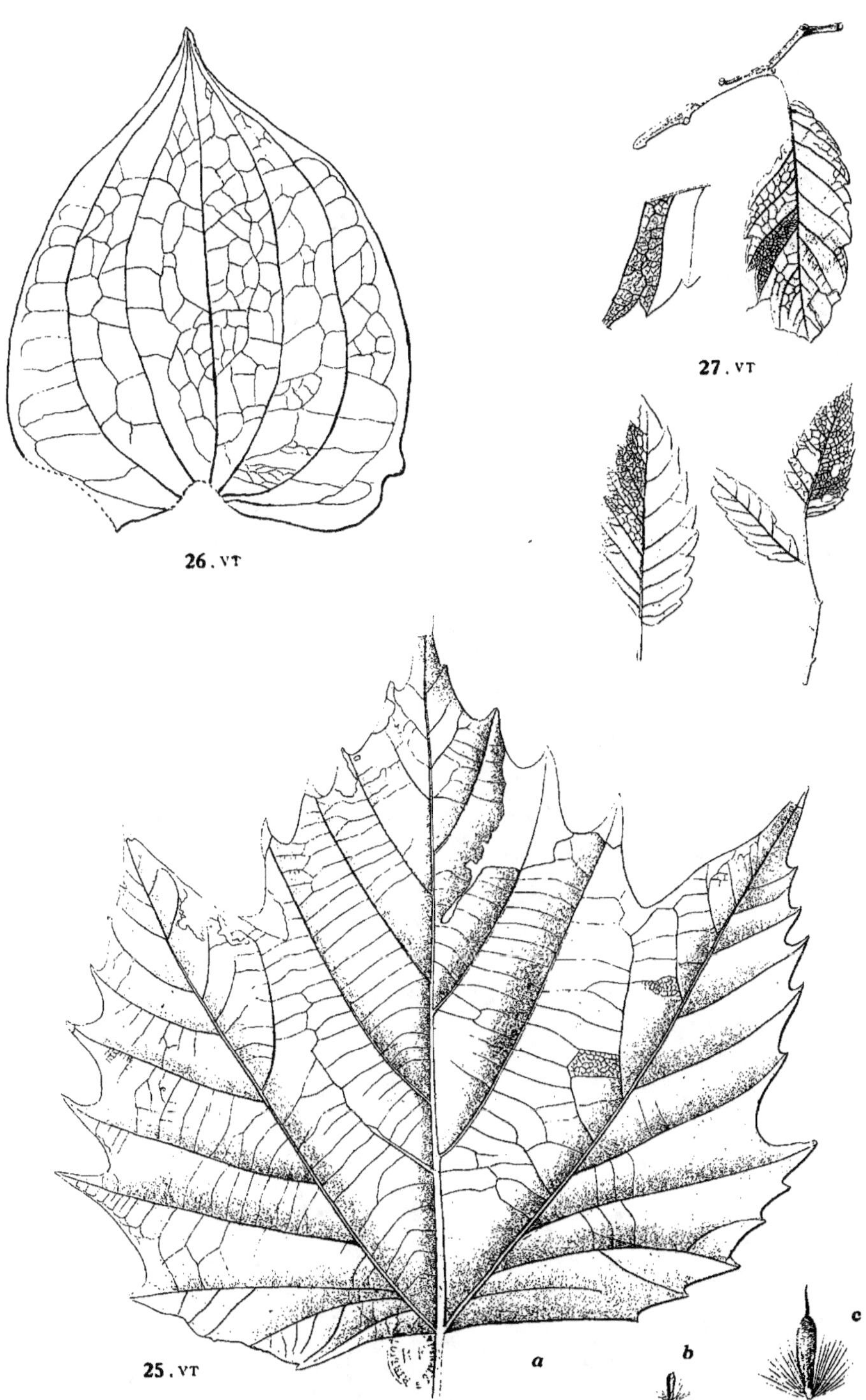

26 . VT
27 . VT
25 . VT
a
b
c

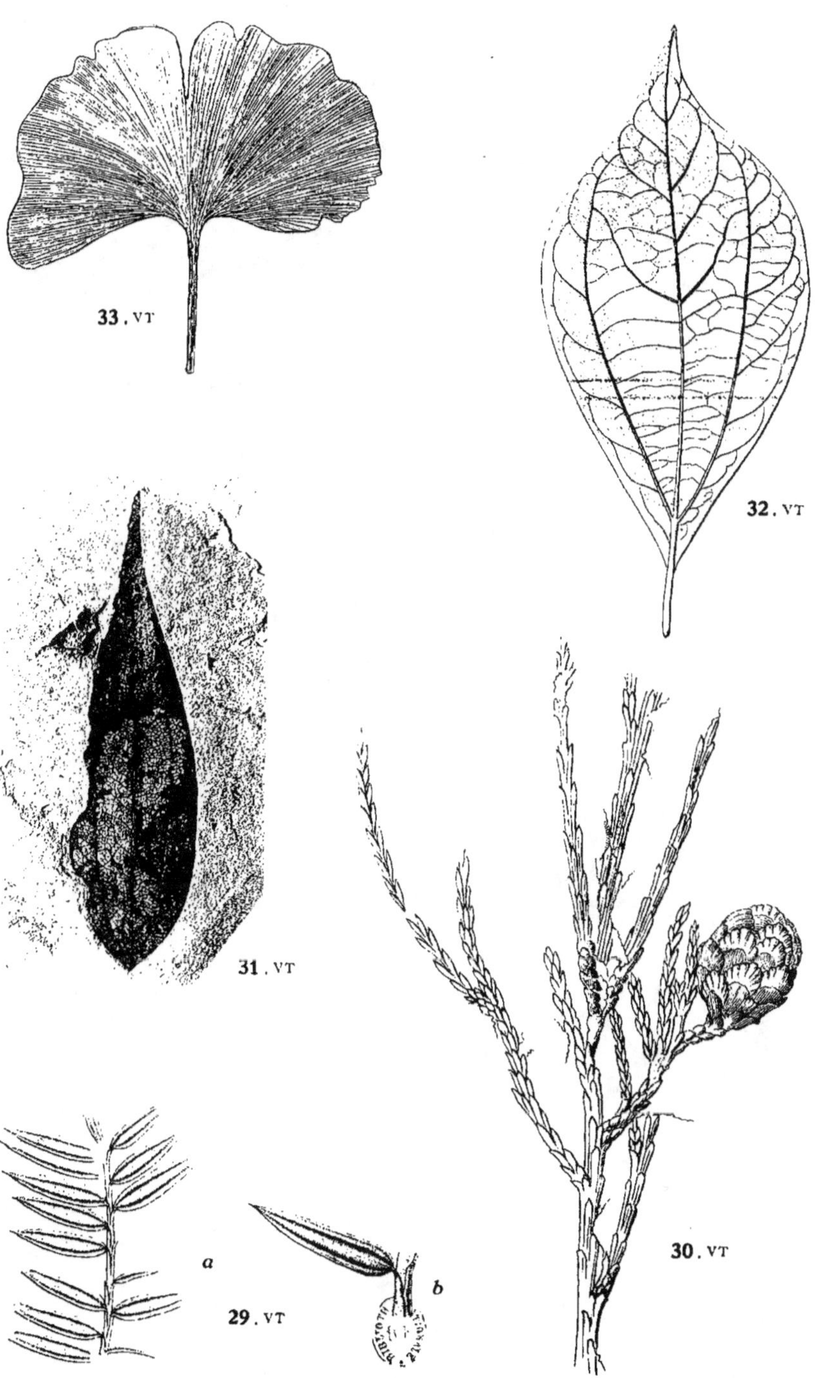

33 . VT

32 . VT

31 . VT

a   **29 . VT**   *b*

30 . VT

Imp. Tortellier et Cie, Arcueil (Seine)

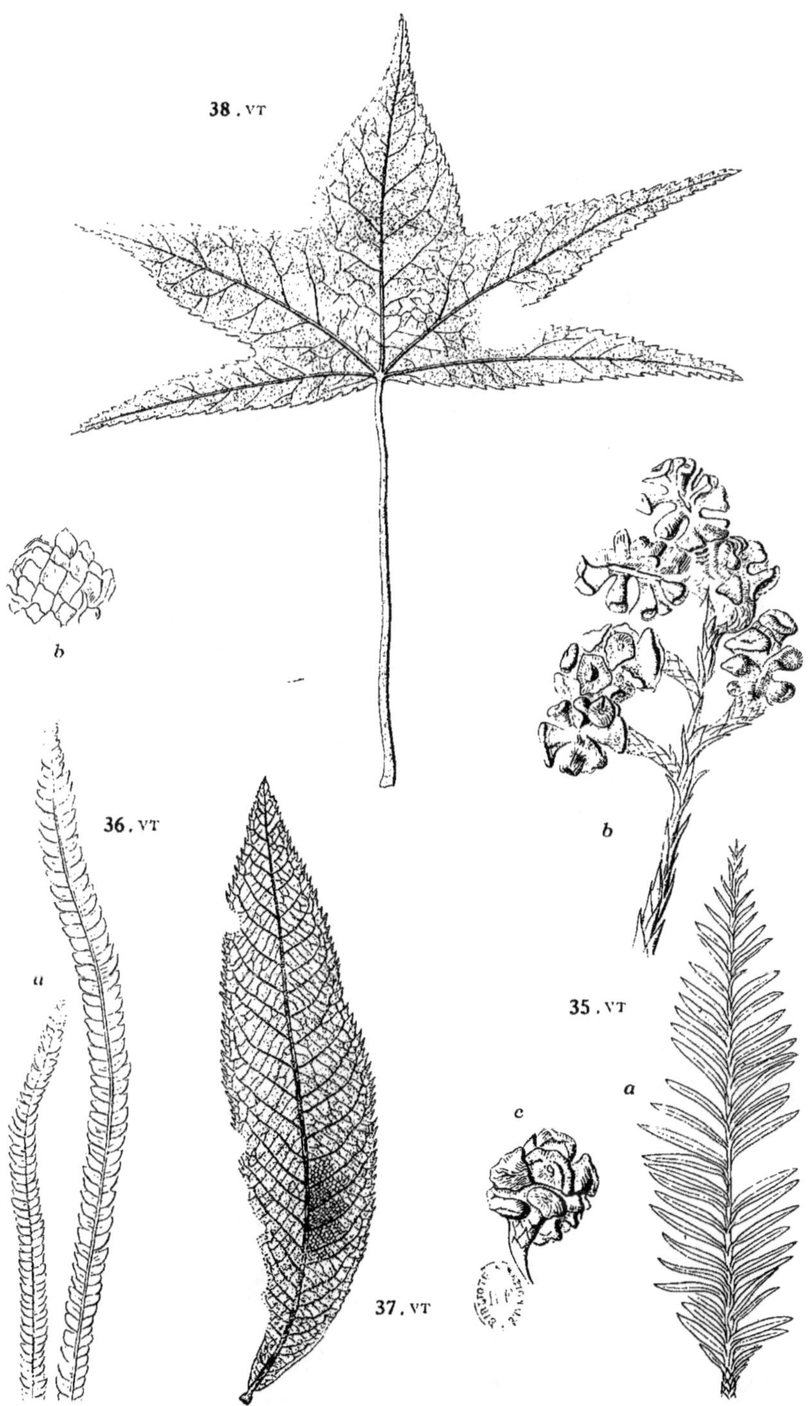

38 . VT
b
36 . VT
a
b
35 . VT
a
c
37 . VT

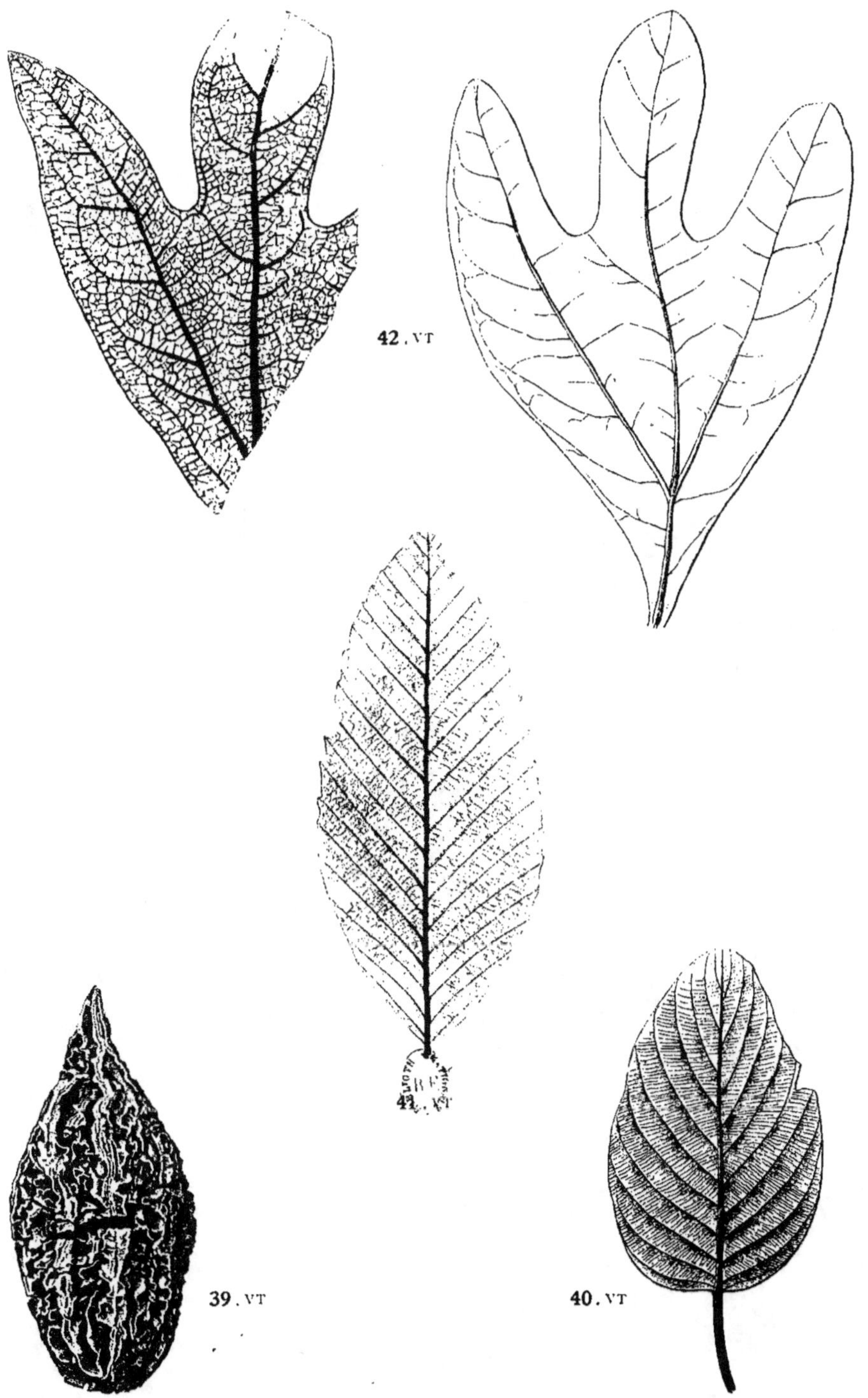

Imp. Tortellier et Cie, Arcueil (Seine)

Imp. Tortellier et Cie. Arcueil (Seine)

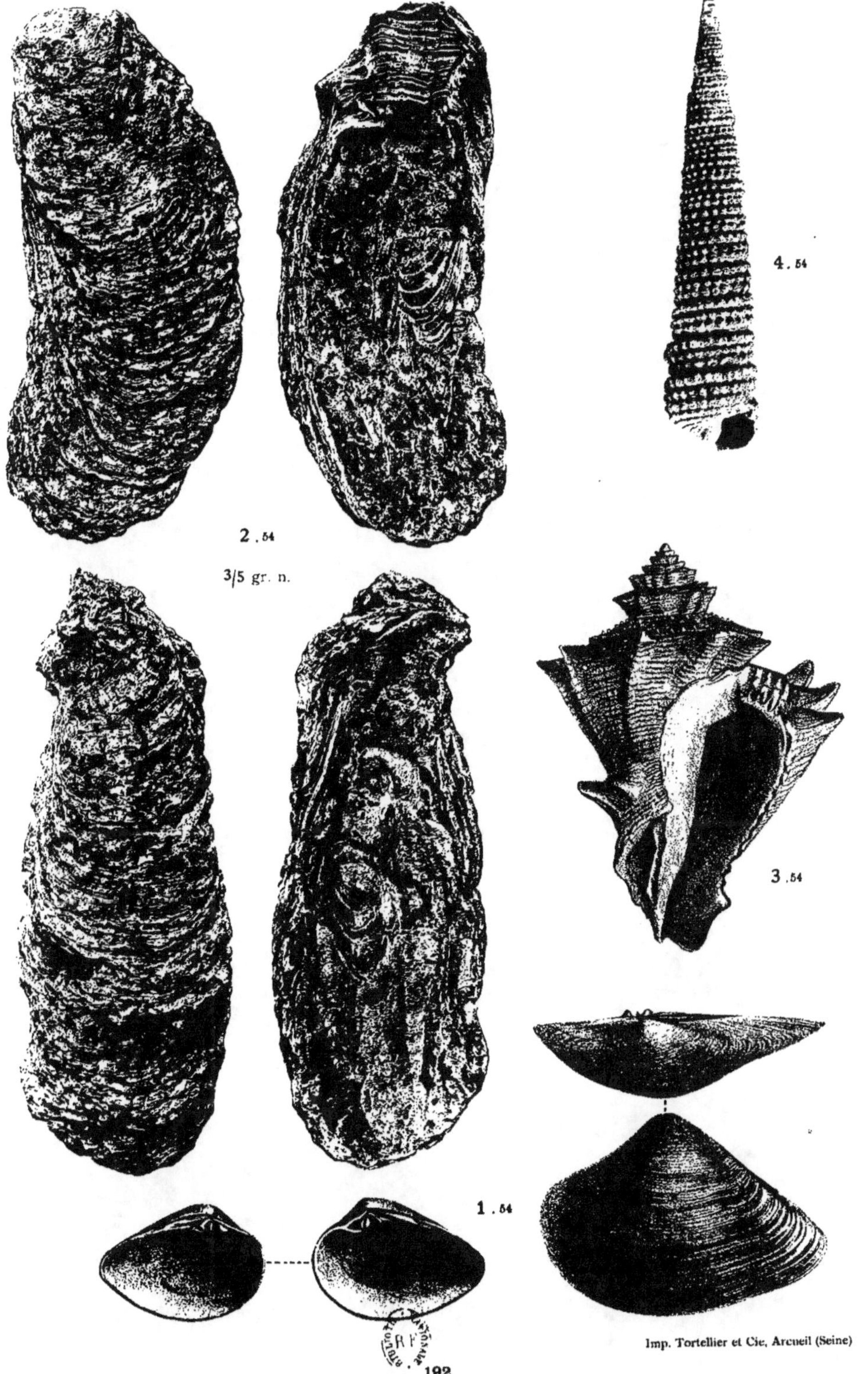

Imp. Tortellier et Cie, Arcueil (Seine)

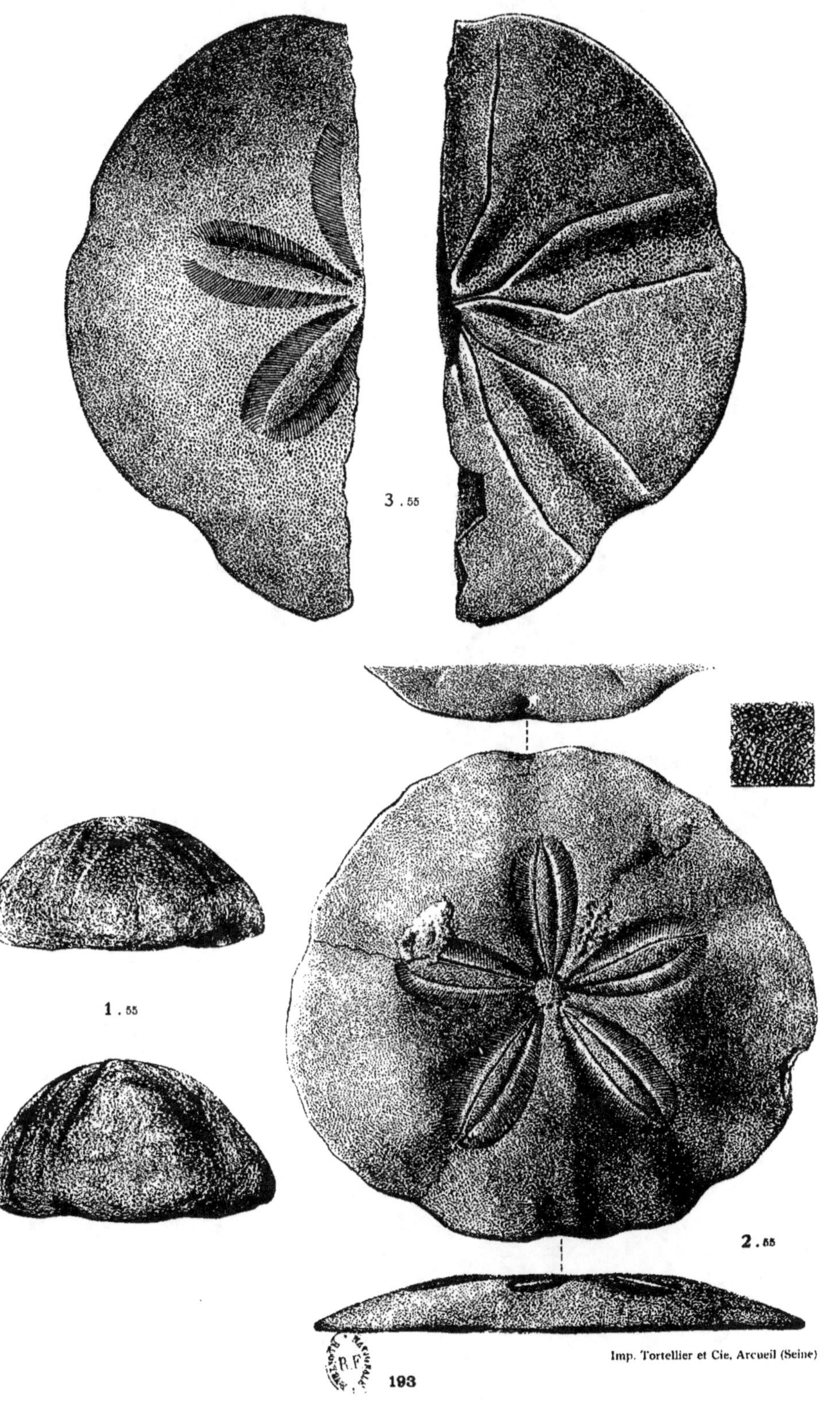

3 . 55

1 . 55

2 . 55

Imp. Tortellier et Cie, Arcueil (Seine)

193

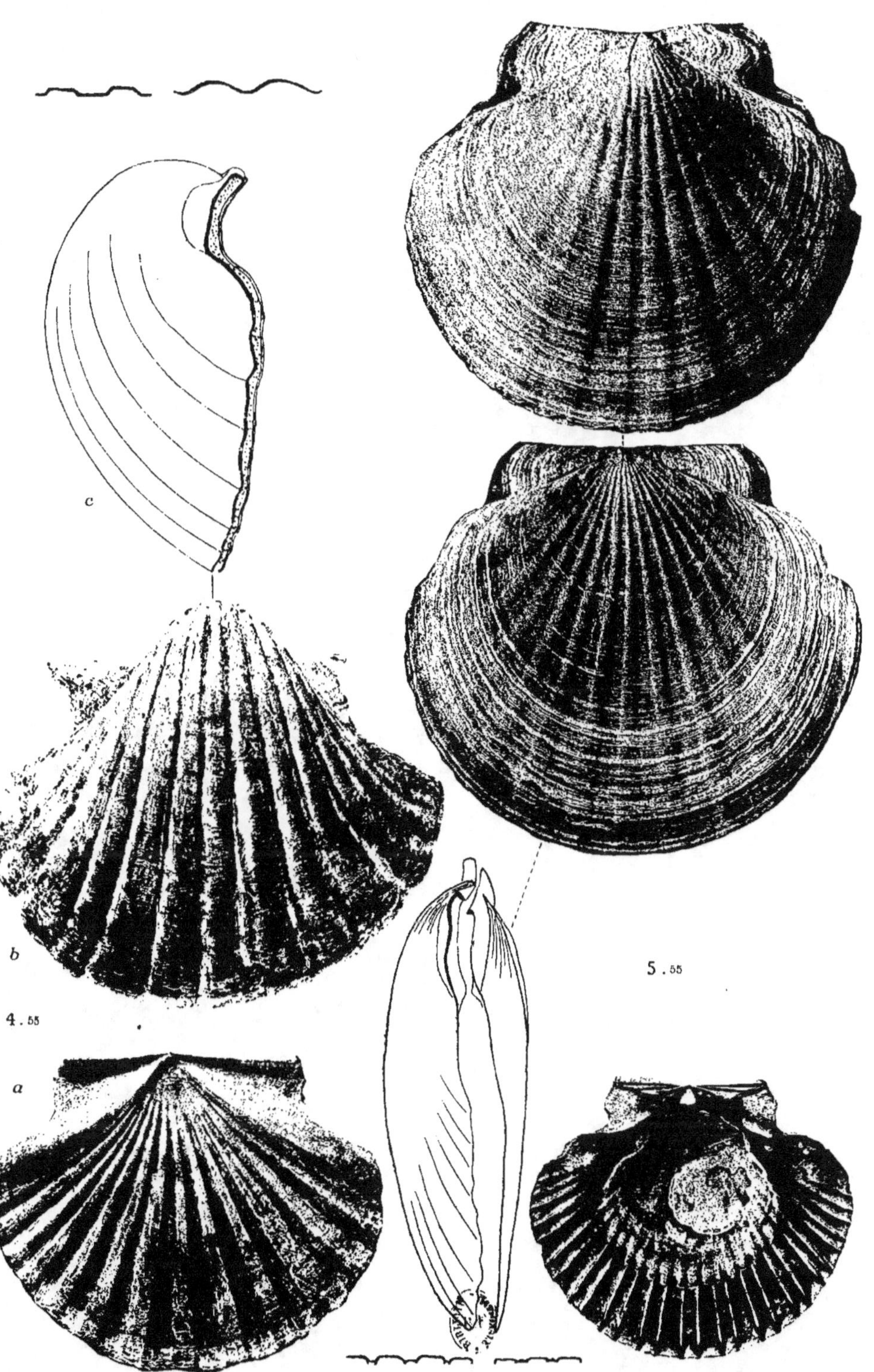

Imp. Tortellier et Cie, Arcueil (Seine)

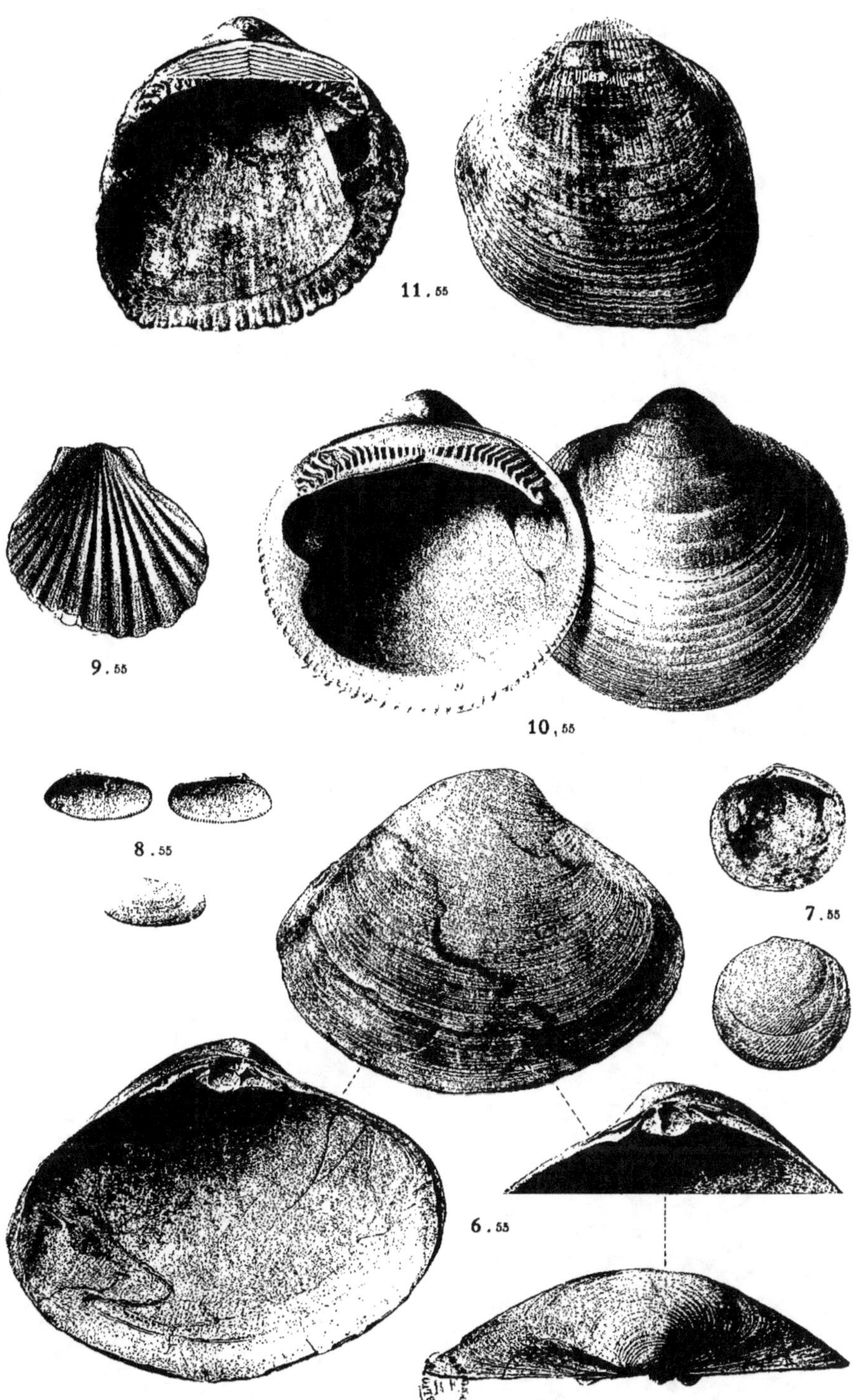

Imp. Tortellier et Cie, Arcueil (Seine)

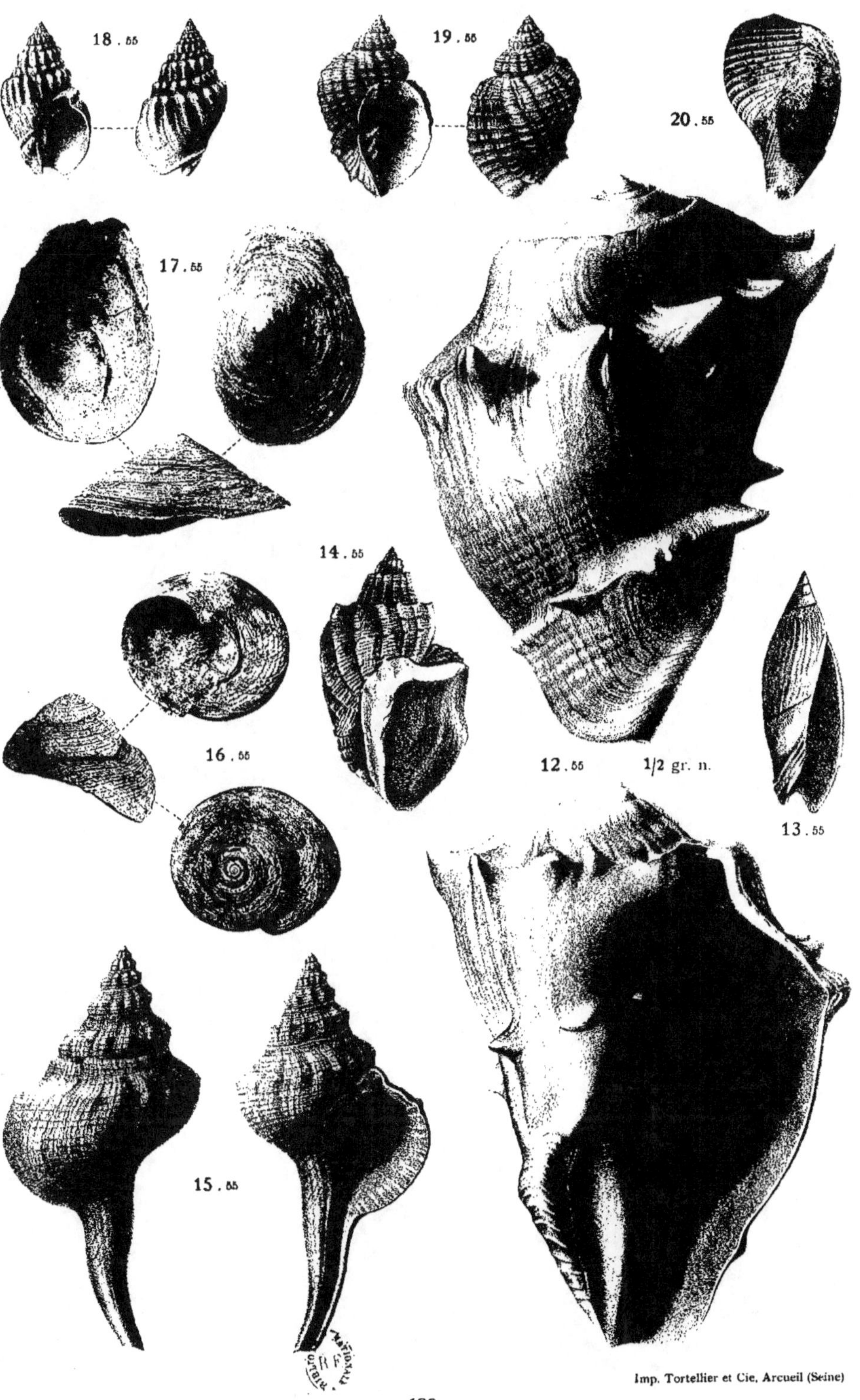

18 . 55
19 . 55
20 . 55
17 . 55
14 . 55
16 . 55
12 . 55
1/2 gr. n.
13 . 55
15 . 55

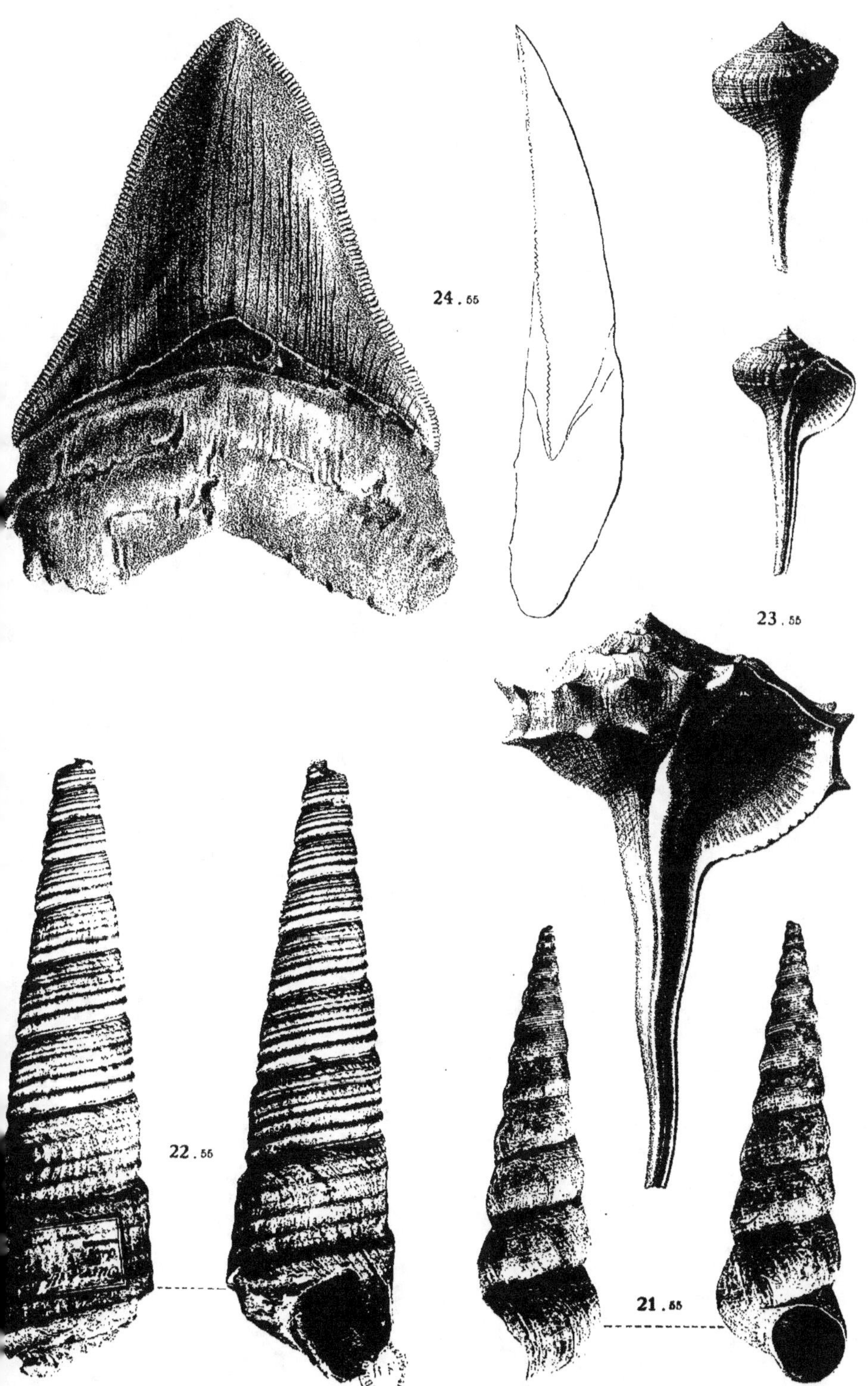

24 . 55

23 . 55

22 . 55

21 . 55

Imp. Tortellier et Cie. Arcueil (Seine)

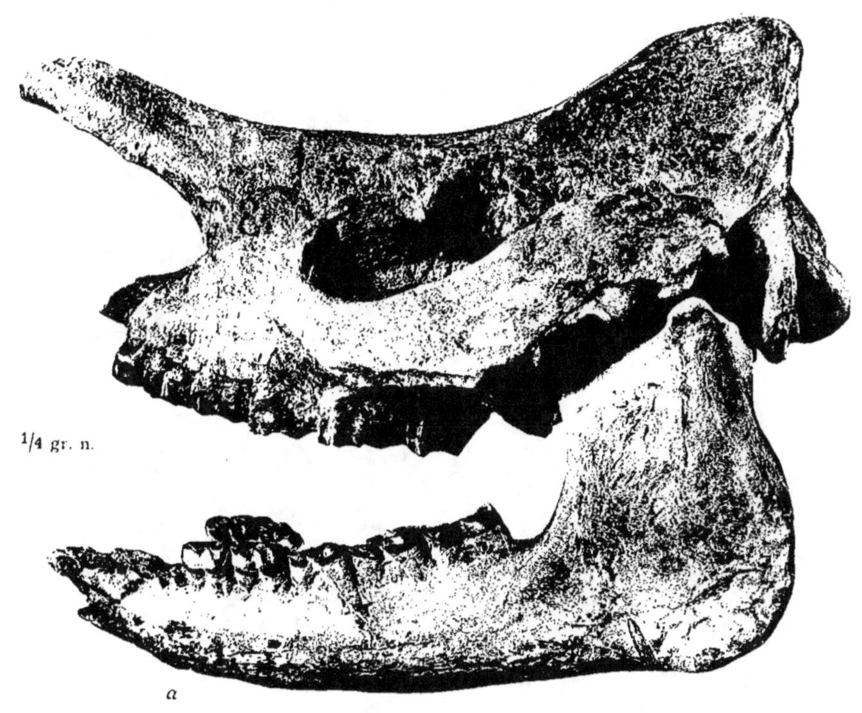

25 . 55

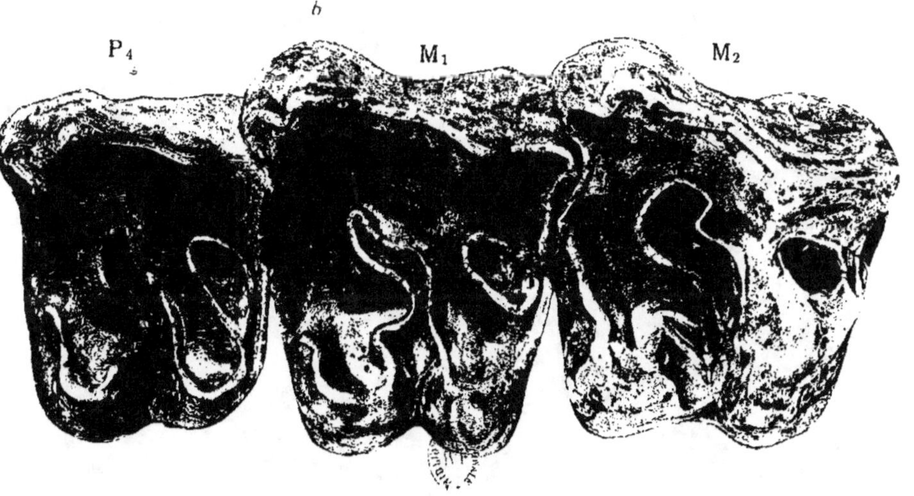

Imp. Tortellier et Cie, Arcueil (Seine)

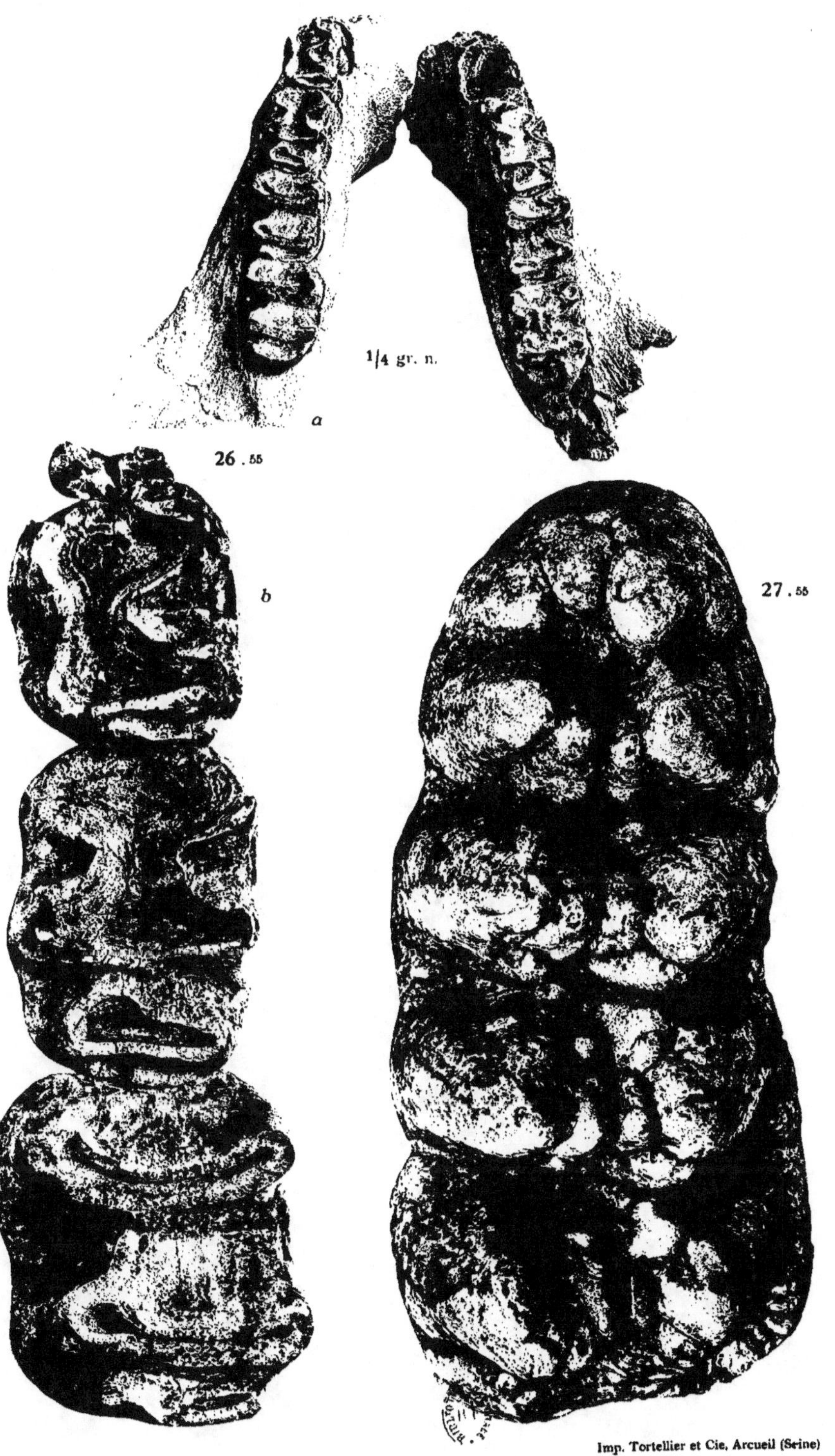

Imp. Tortellier et Cie, Arcueil (Seine)

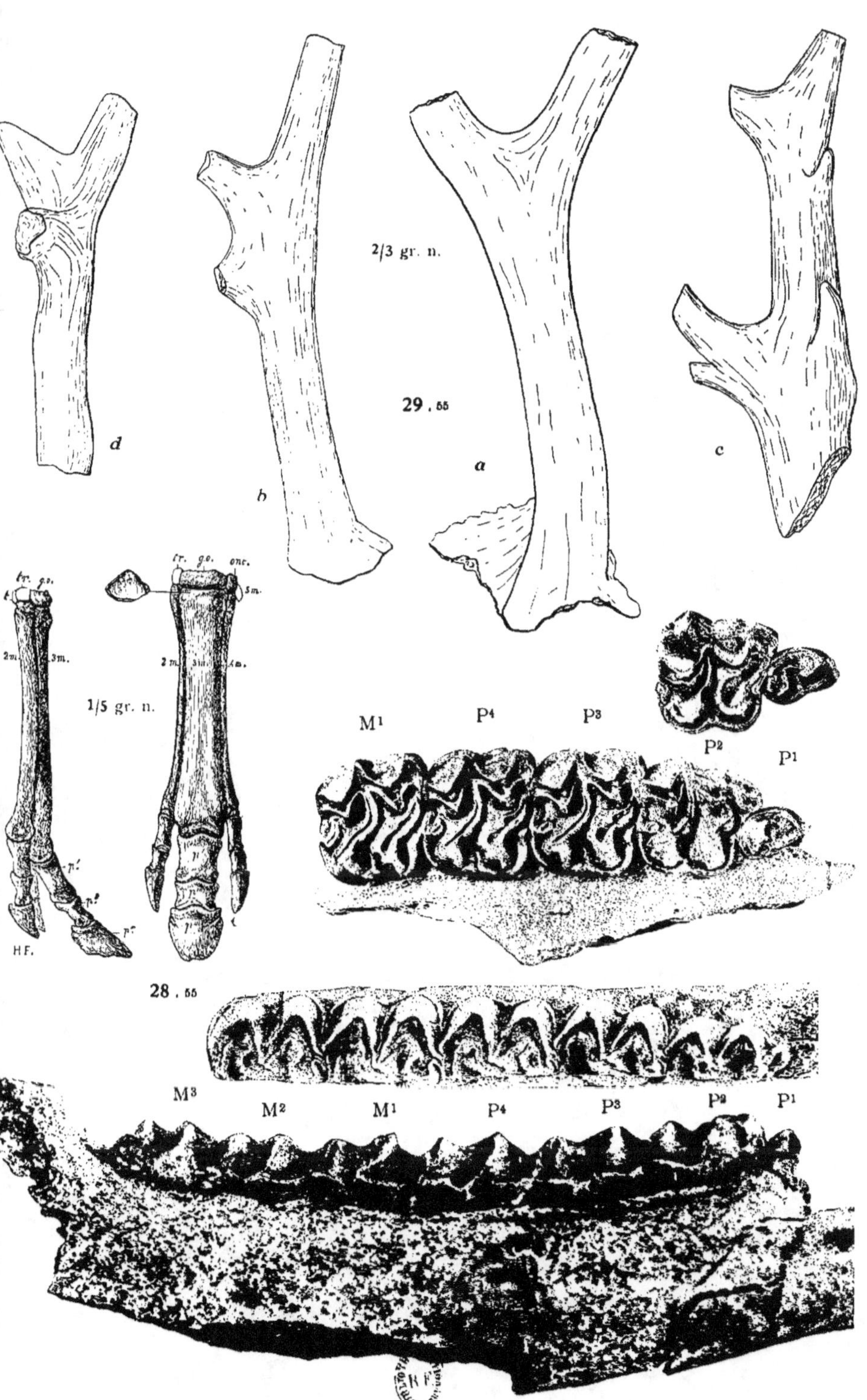

2/3 gr. n.
29 . 55
a
b
c
d
1/5 gr. n.
tr. g.e.
tr. g.e. onc.
3m.
2m 3m.
2 m. 3m. 4m.
H.F.
p'
p''
p'''
28 . 55
M1 P4 P3 P2 P1
M3 M2 M1 P4 P3 P2 P1
200

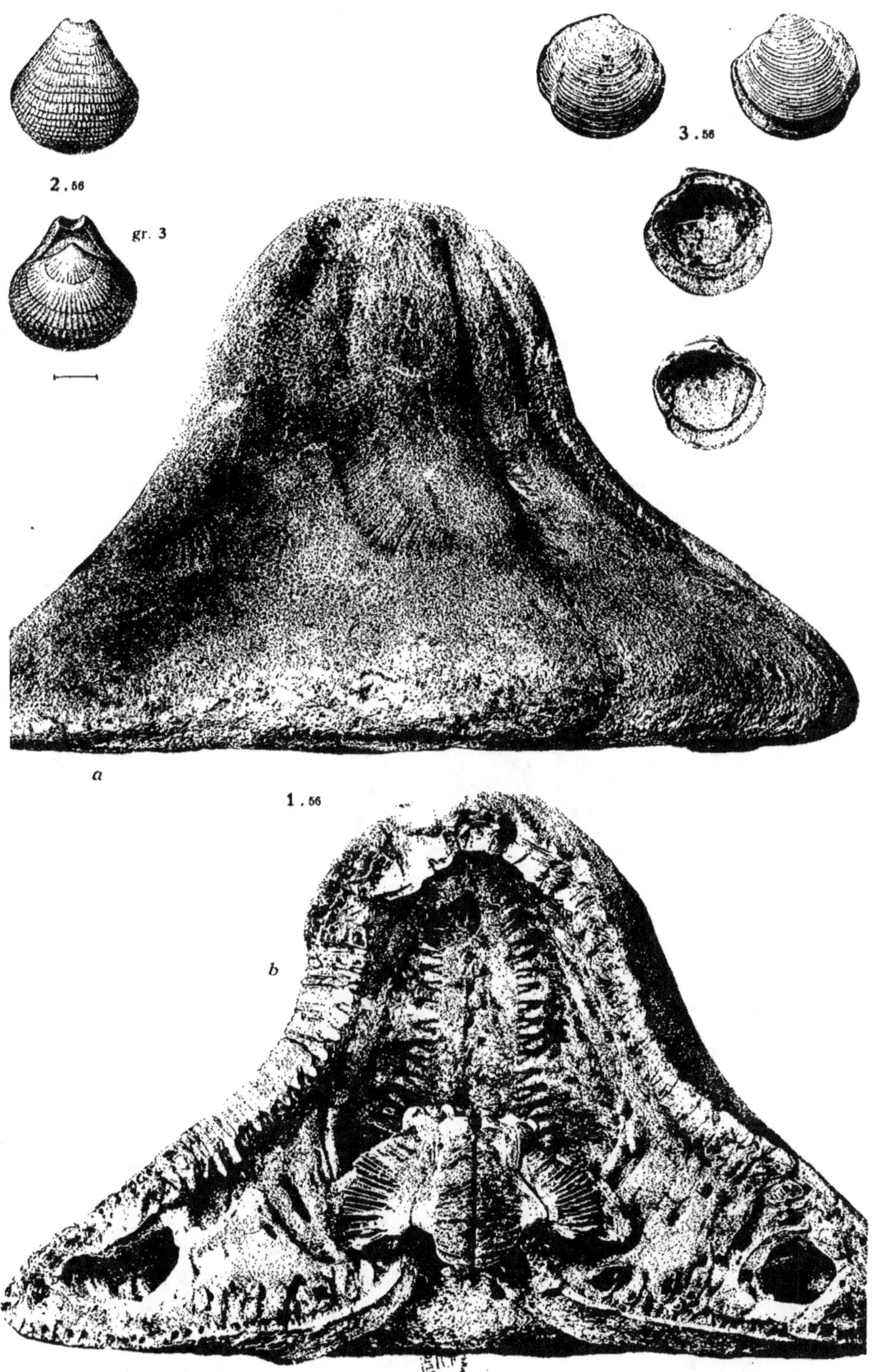

Imp. Tortellier et Cie, Arcueil (Seine)

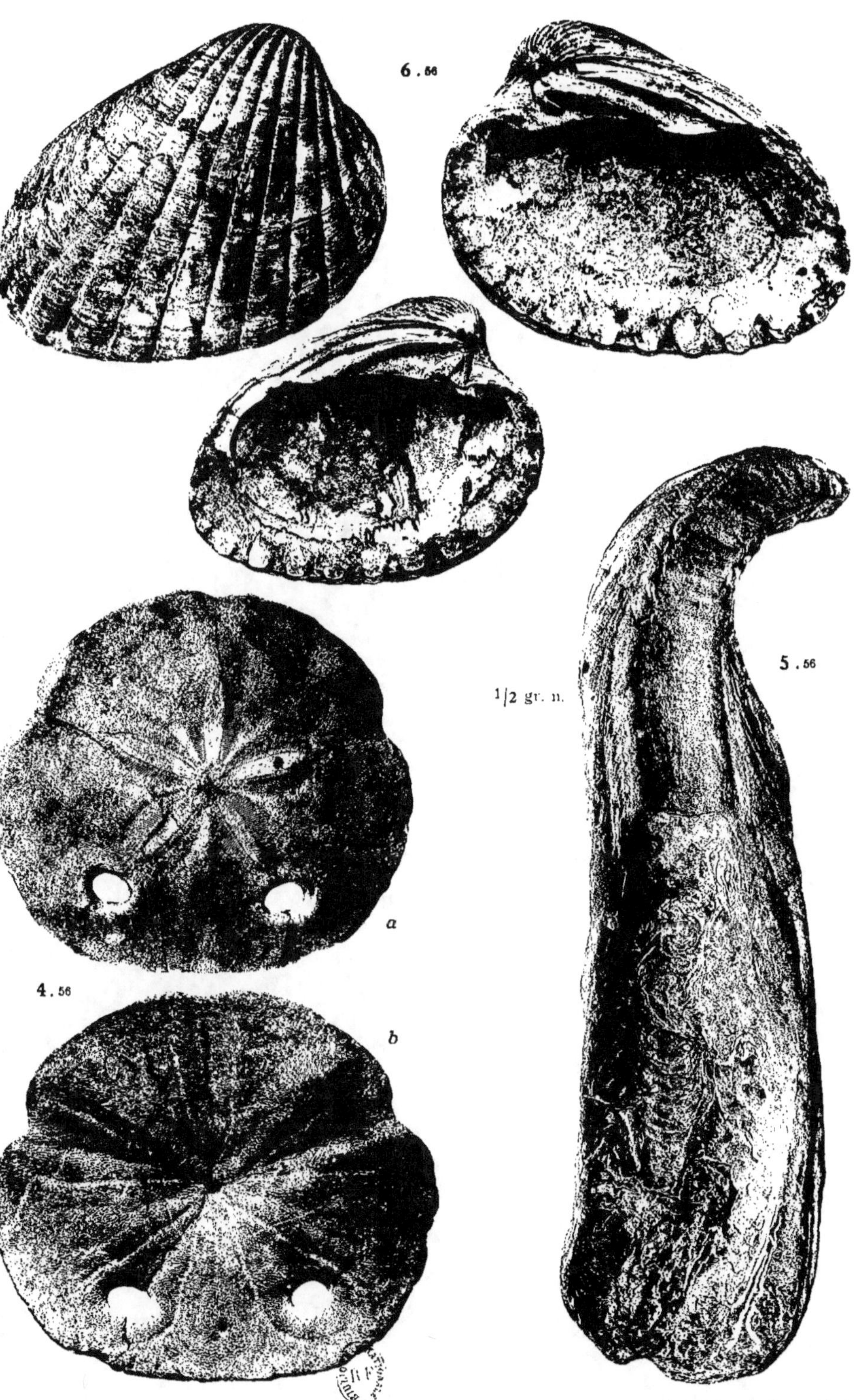

Imp. Tortellier et Cie, Arcueil (Seine)

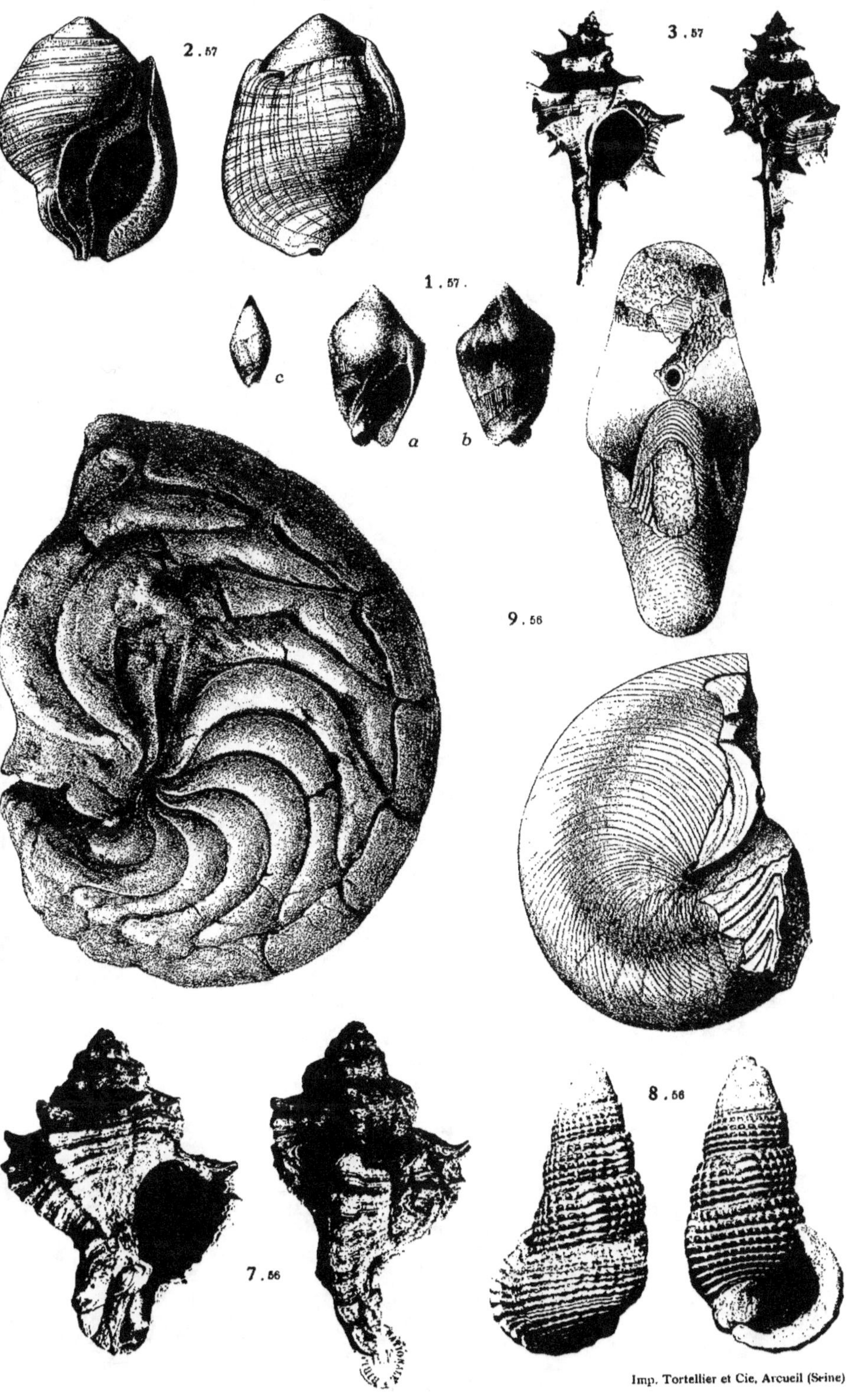

2 . 57

3 . 57

1 . 57 .

c

a

b

9 . 56

8 . 56

7 . 56

Imp. Tortellier et Cie, Arcueil (Seine)

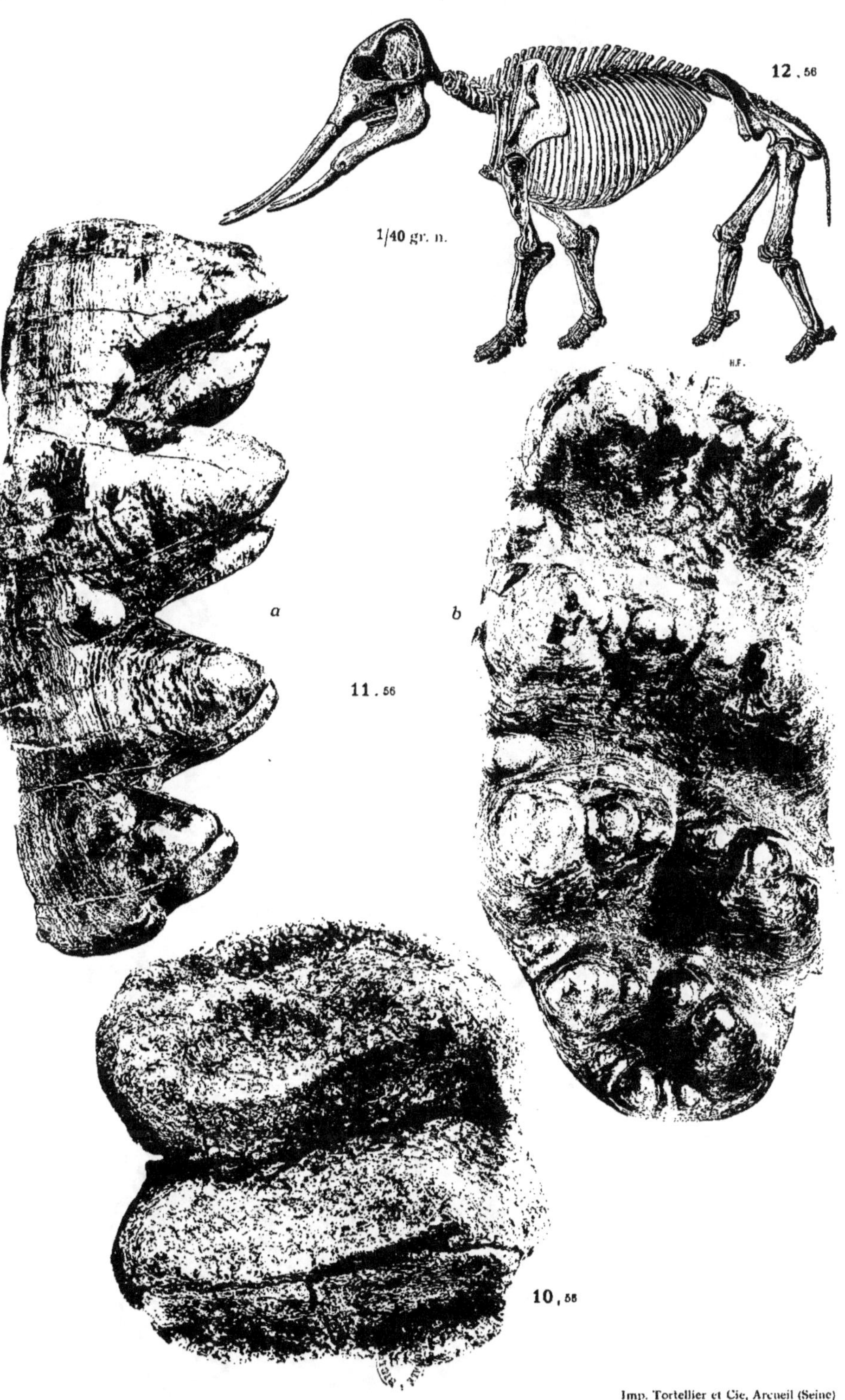

Imp. Tortellier et Cie, Arcueil (Seine)

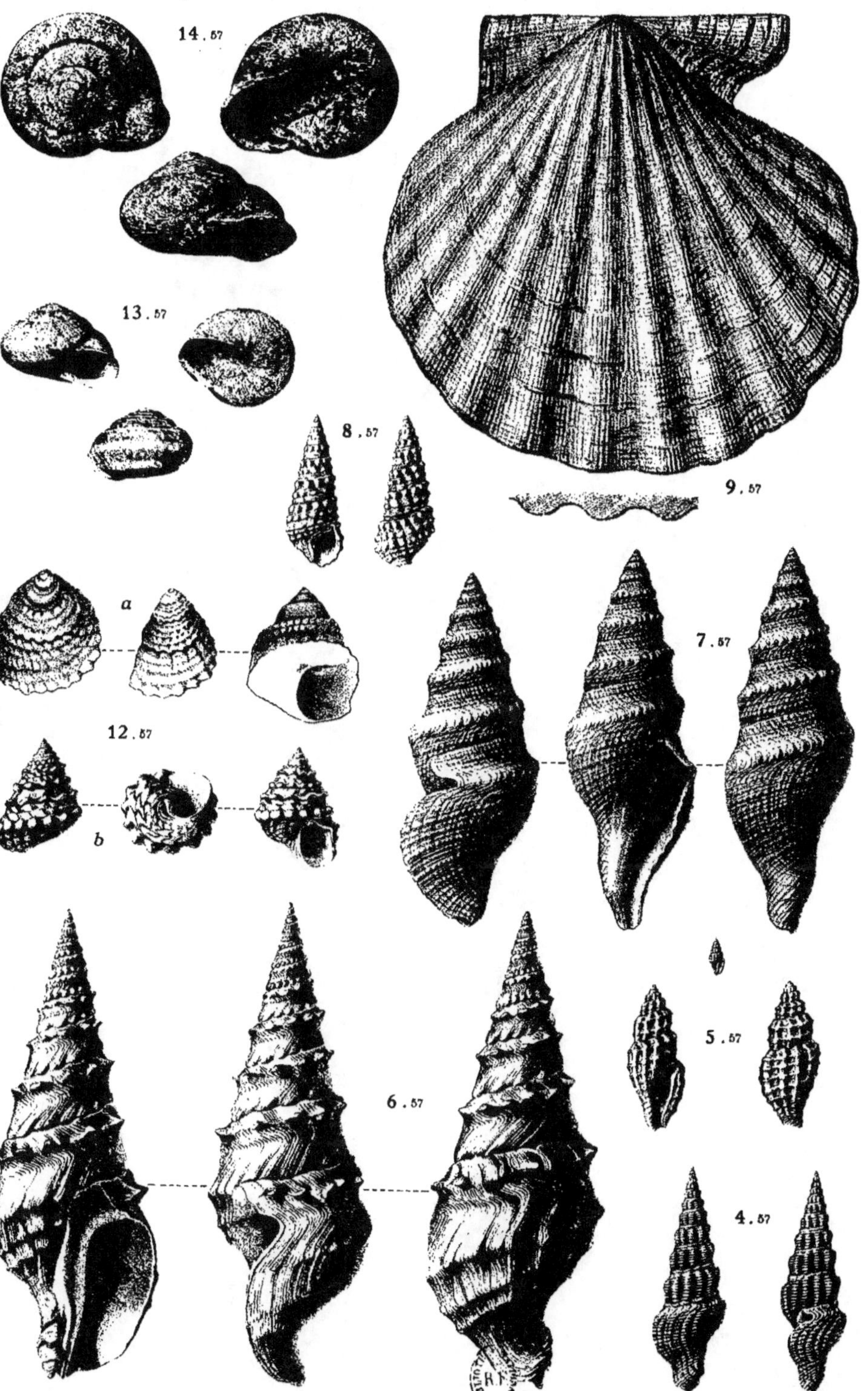

Imp. Tortellier & Cie, Arcueil (Seine)

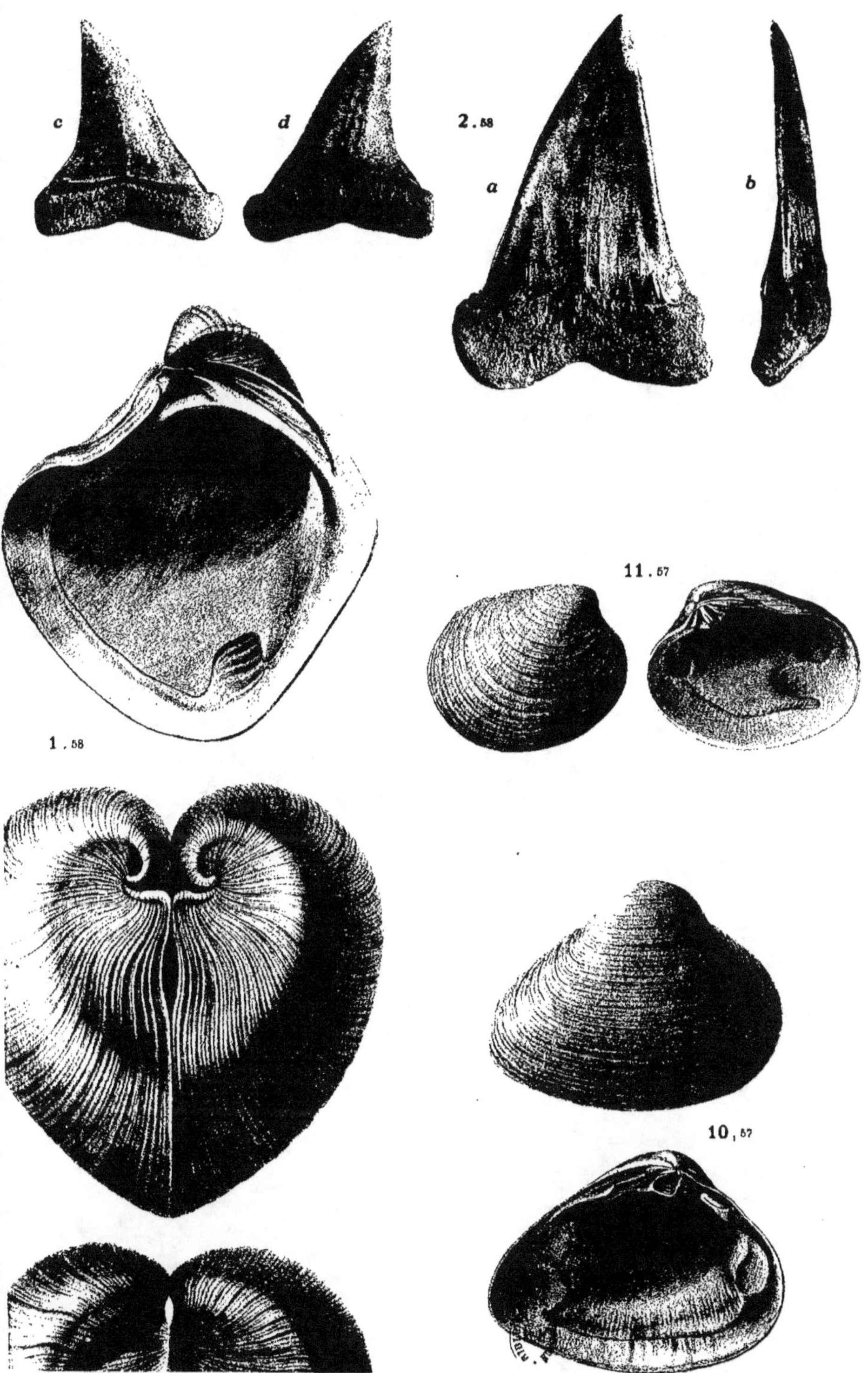

c
d
2.58
a
b
11.57
1.58
10,57

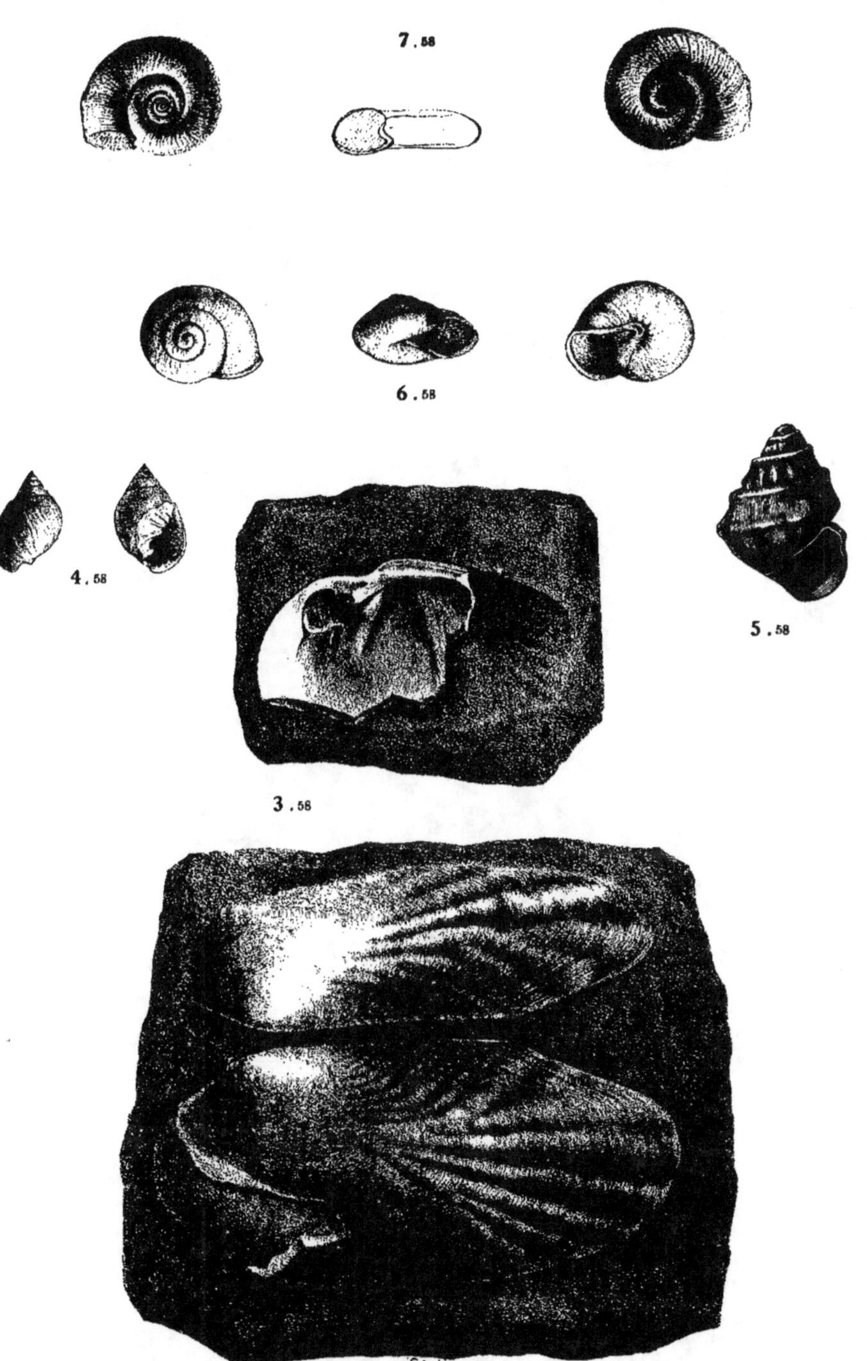

Imp. Tortellier et Cie. Arcueil (Seine)

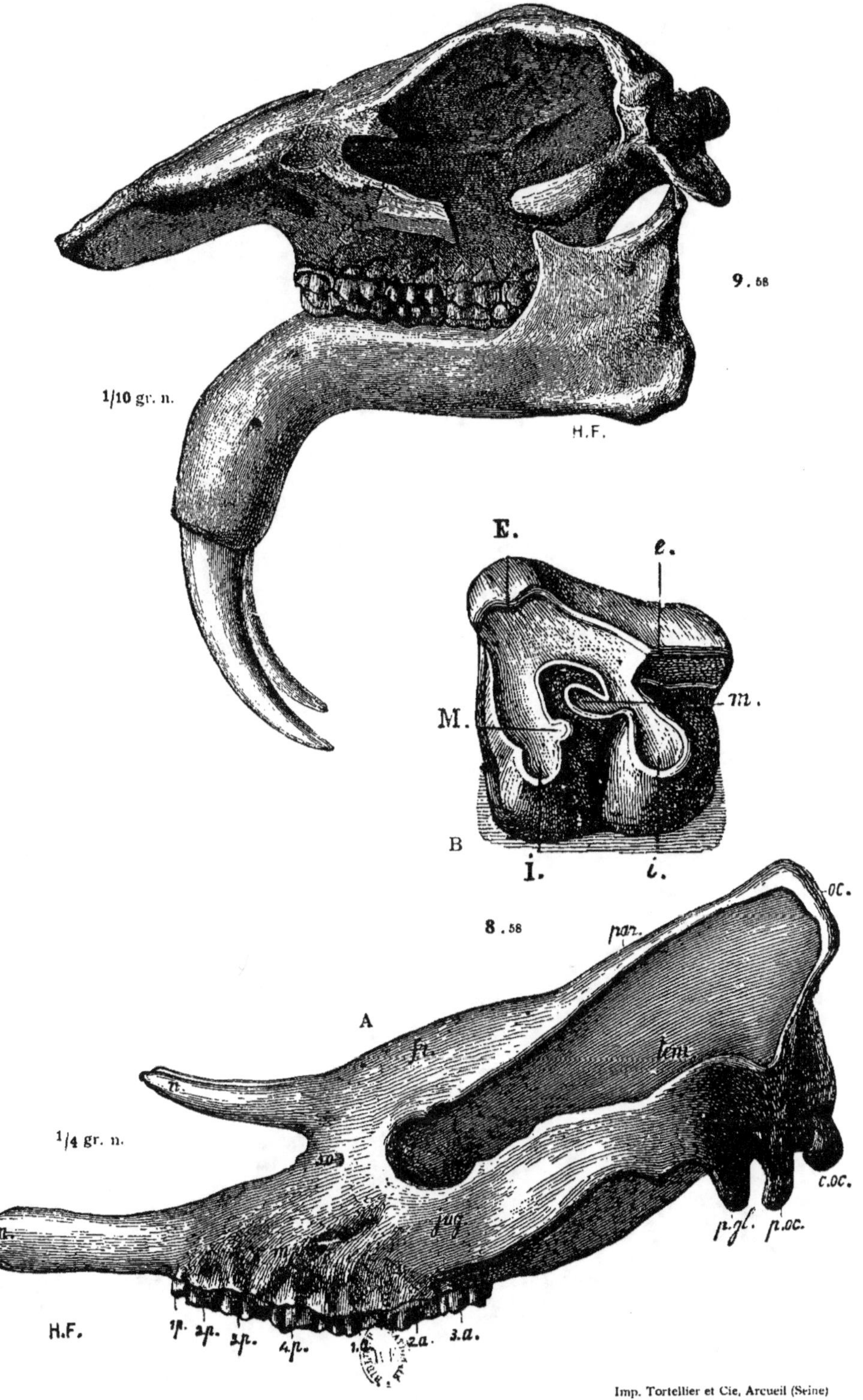

9.58
1/10 gr. n.
H.F.
E.
e.
M.
m.
B
i.
i.
8.58
oc.
par.
A
fr.
tm.
n.
m.
jug.
c.oc.
p.gl. p.oc.
i.m.
1/4 gr. n.
H.F.
1p. 2p. 3p. 4p. 1a. 2a. 3a.

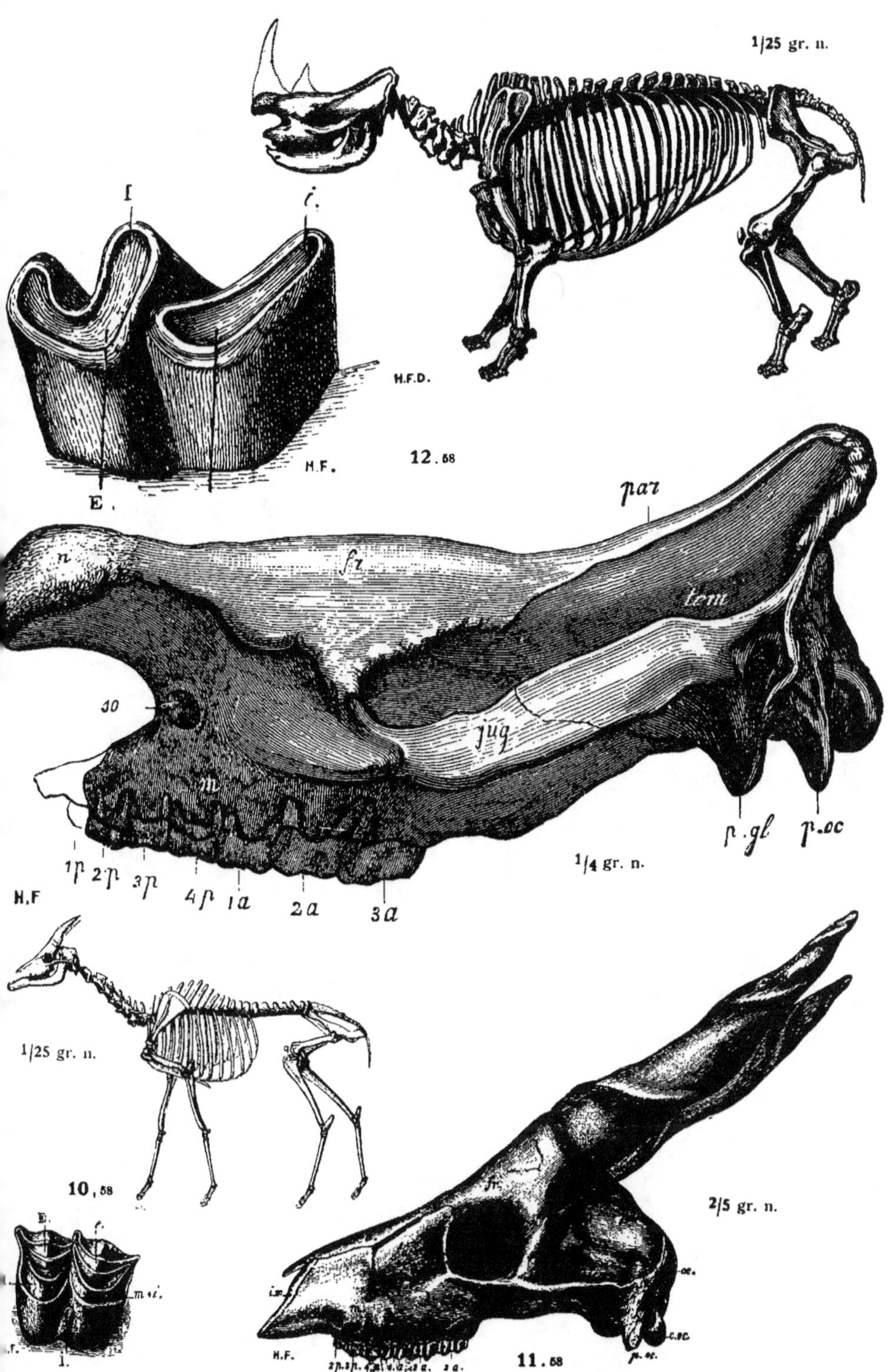

1/25 gr. n.
H.F.D.
f
i.
H.F.
E.
12.58
par
n
fr
tem
jug
10
m
p.gl
p.oc
H.F
1p 2p 3p 4p 1a 2a 3a
1/4 gr. n.
1/25 gr. n.
10,58
E.
f.
m+i.
i.
2/5 gr. n.
fr
i.s.
oe.
c.oc.
p.oc.
H.F.
2p.3p.4p.1a.2a. 1a.
11.58

1/20 gr. n.
H.F.

13 . 58

tr. g.u.
tr. g.o. onc.
tr. g.o.
tr. g.o onc.
1/5 gr. n.
H.F.
H
CH
i. i'. i.
E. e.
Imp. Tortellier et Cie, Arcueil (Seine)

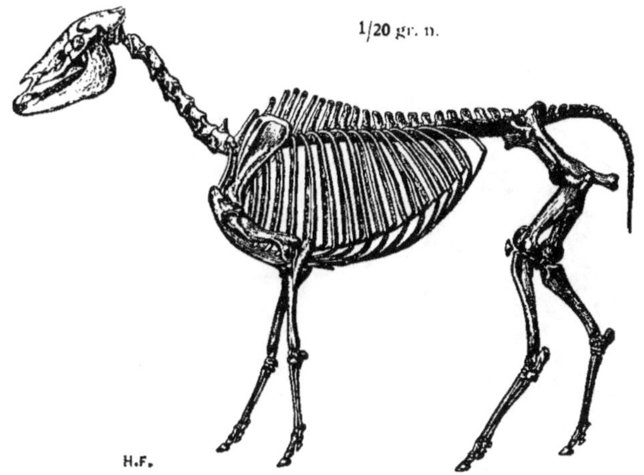

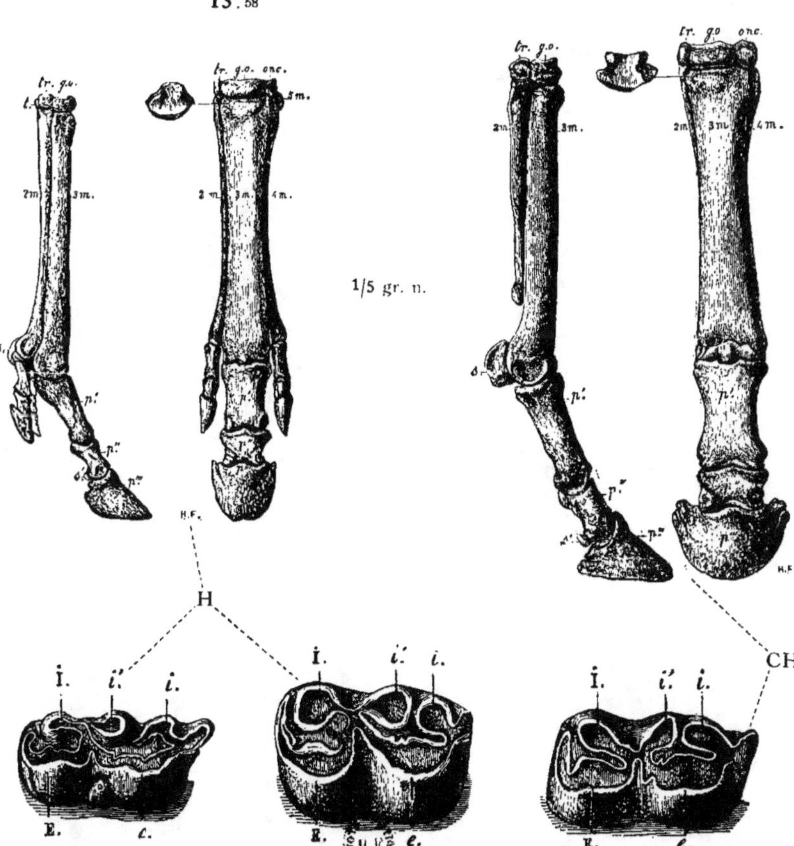

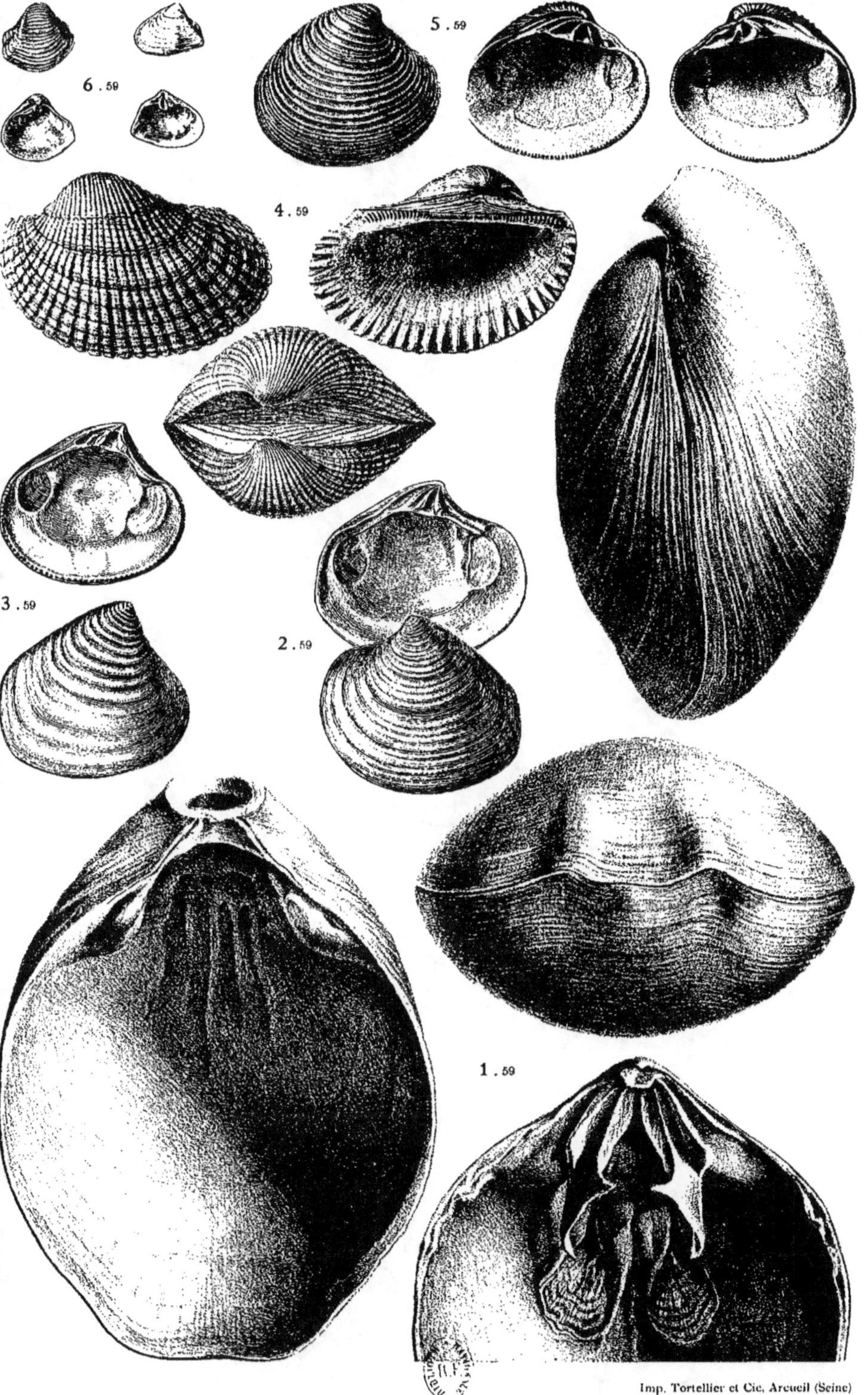

Imp. Tortellier et Cie, Arcueil (Seine)

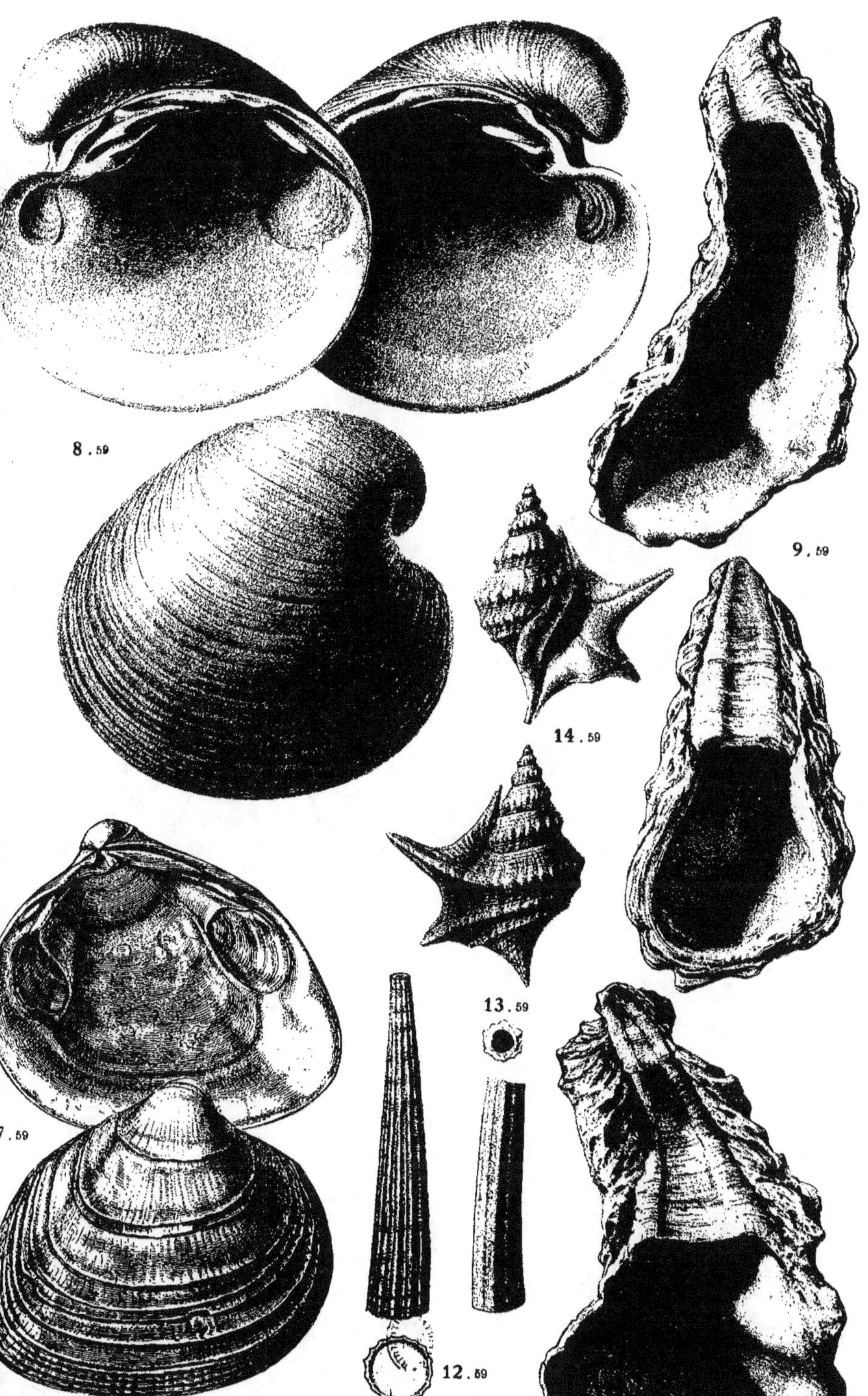

8 . 59
9 . 59
14 . 59
7 . 59
13 . 59
12 . 59

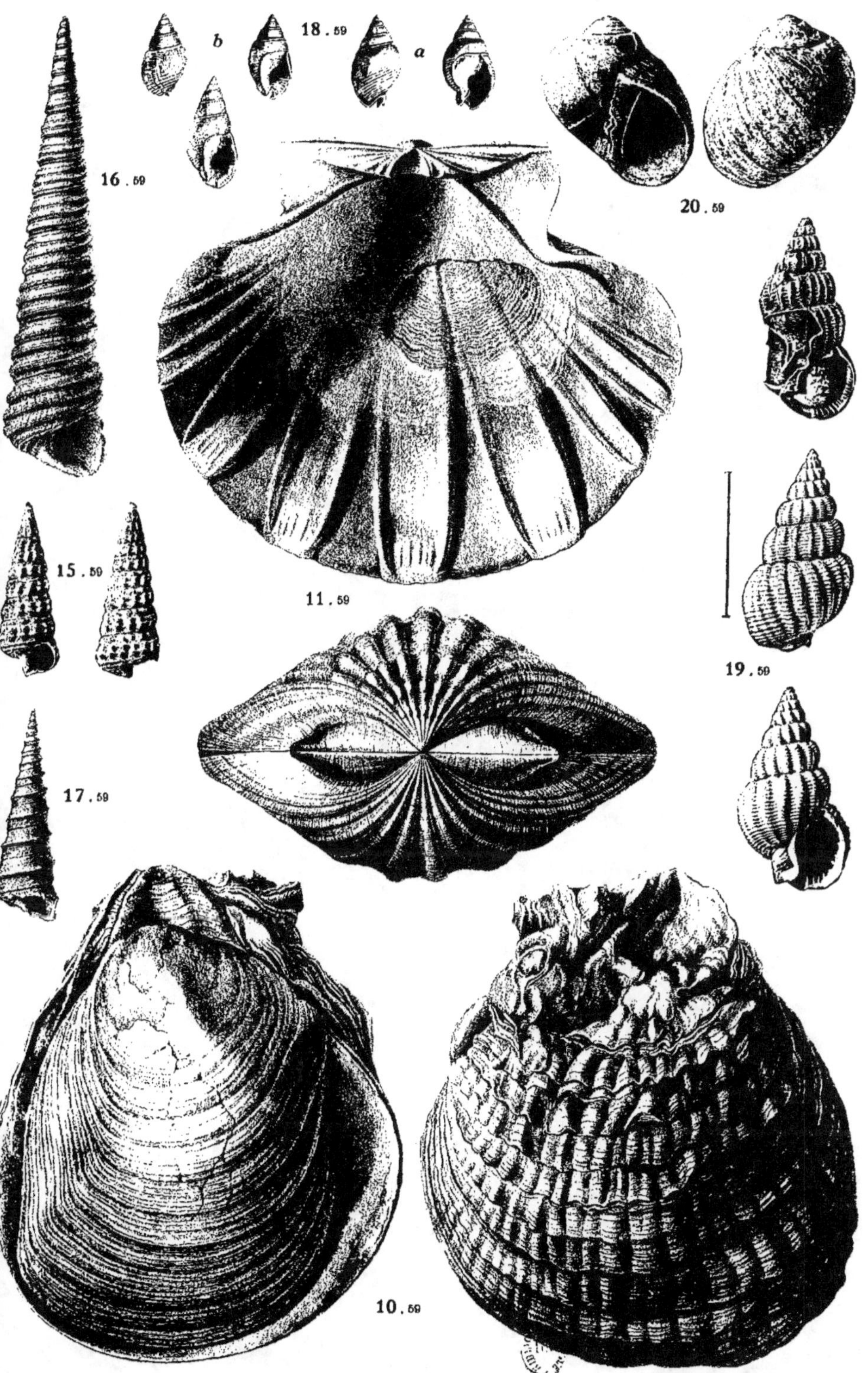

Imp. Tortellier et Cie, Arcueil (Seine)

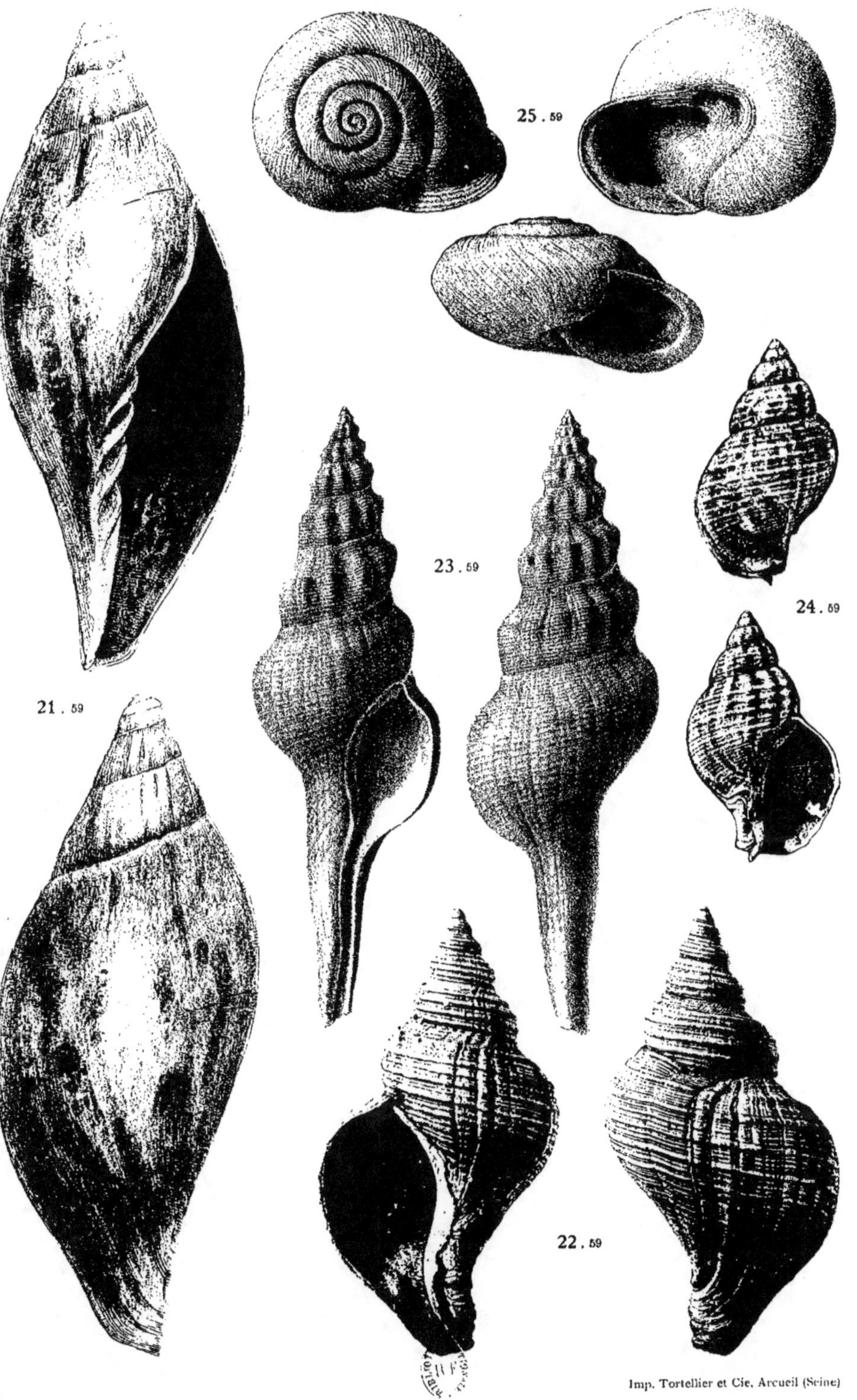

25 . 59

23 . 59

24 . 59

21 . 59

22 . 59

214

Imp. Tortellier et Cie, Arcueil (Seine)

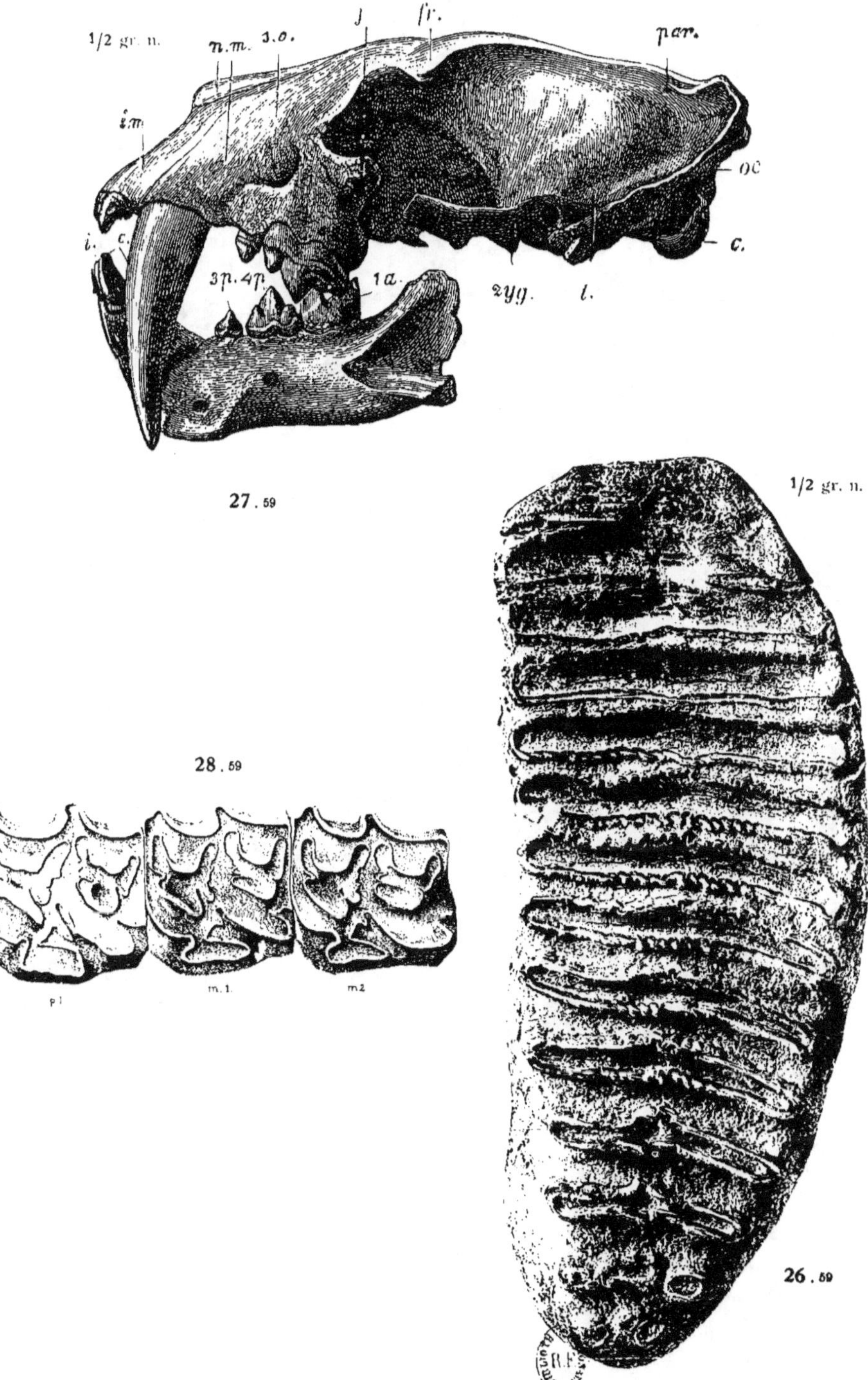

27.59

28.59

26.59

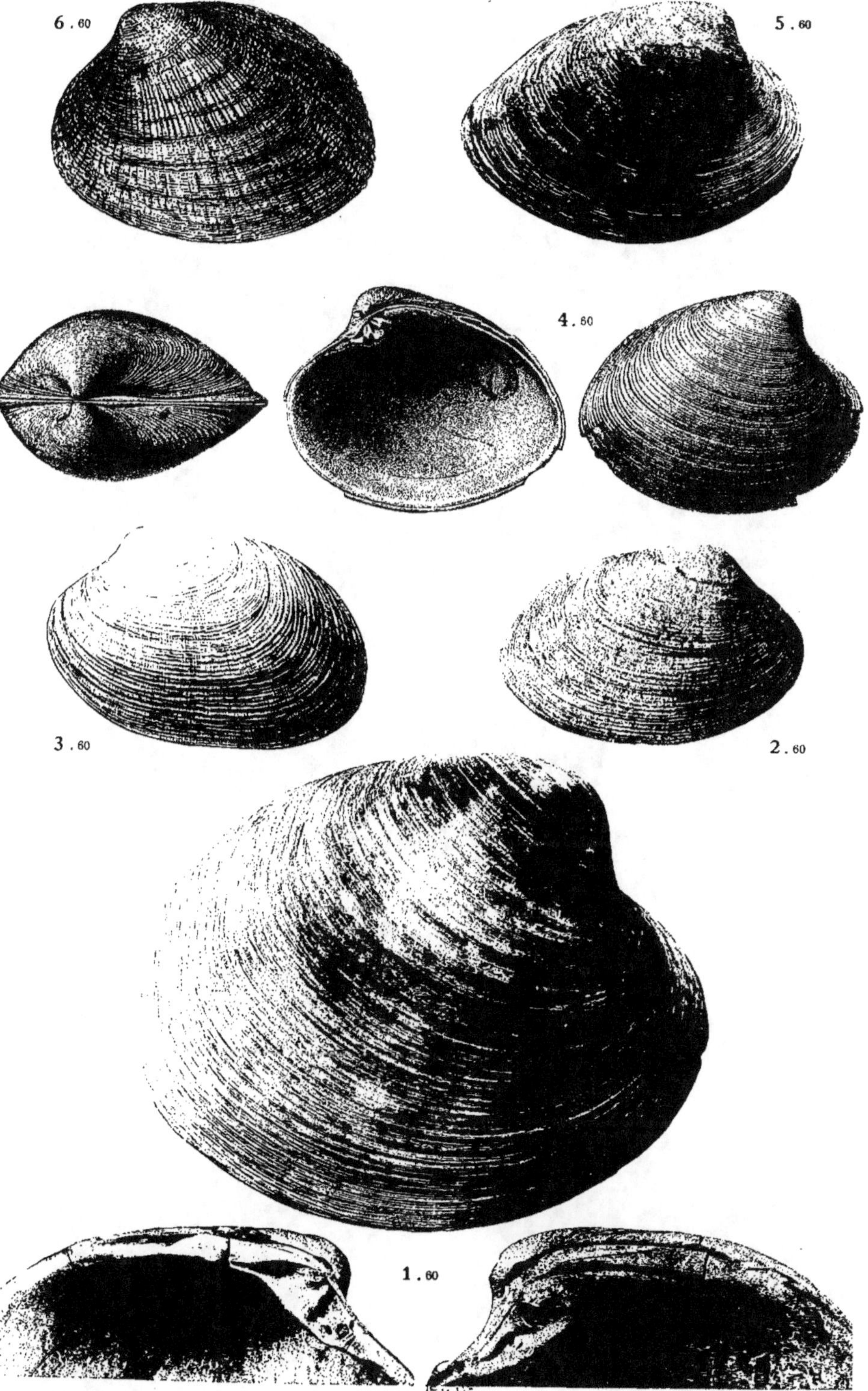

Imp. Tortellier et Cie, Arcueil (Seine)

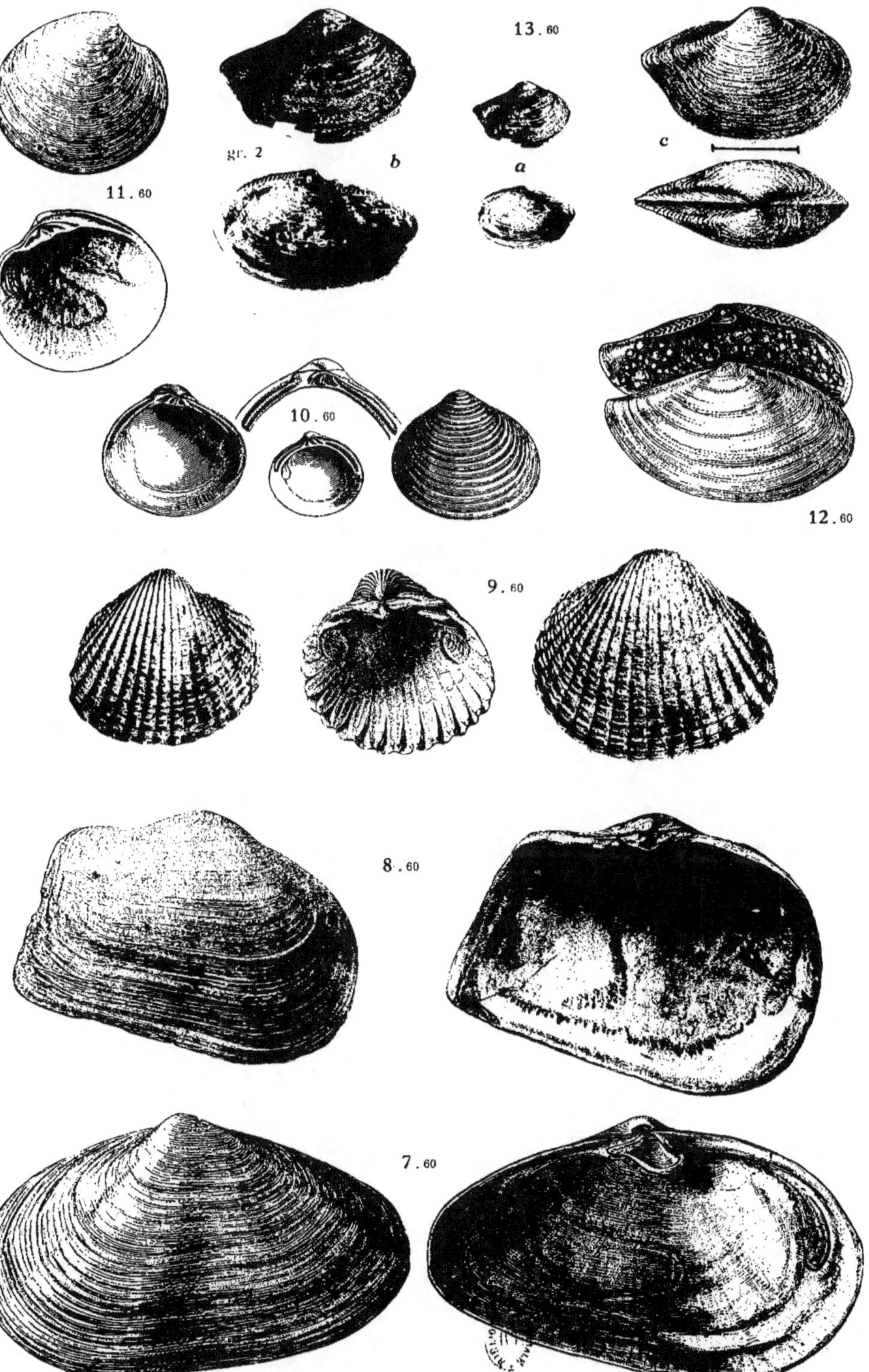

Imp. Tortellier et Cie, Arcueil (Seine)

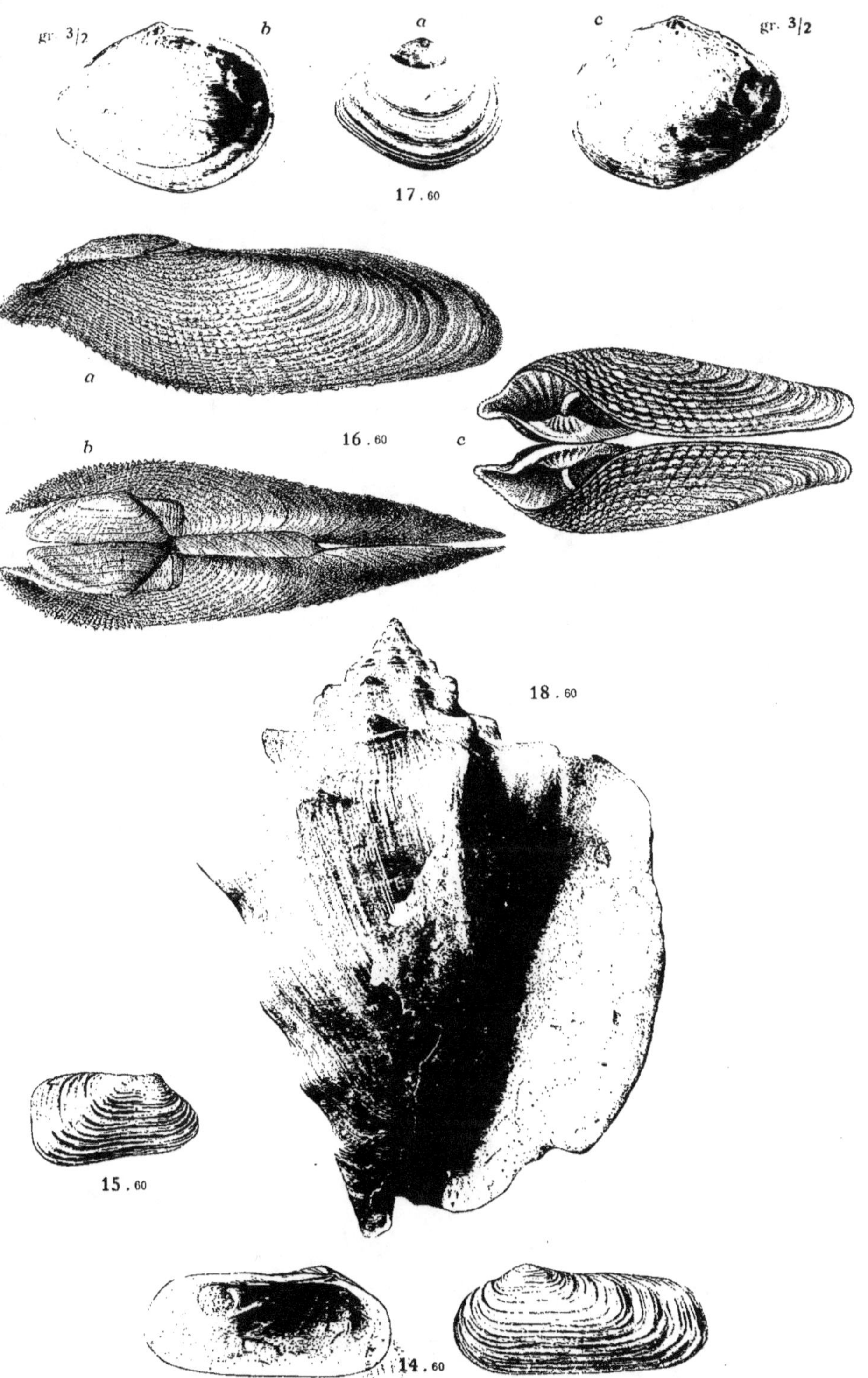

gr. 3/2
b
a
c
gr. 3/2
17.60
a
16.60
b
c
18.60
15.60
14.60

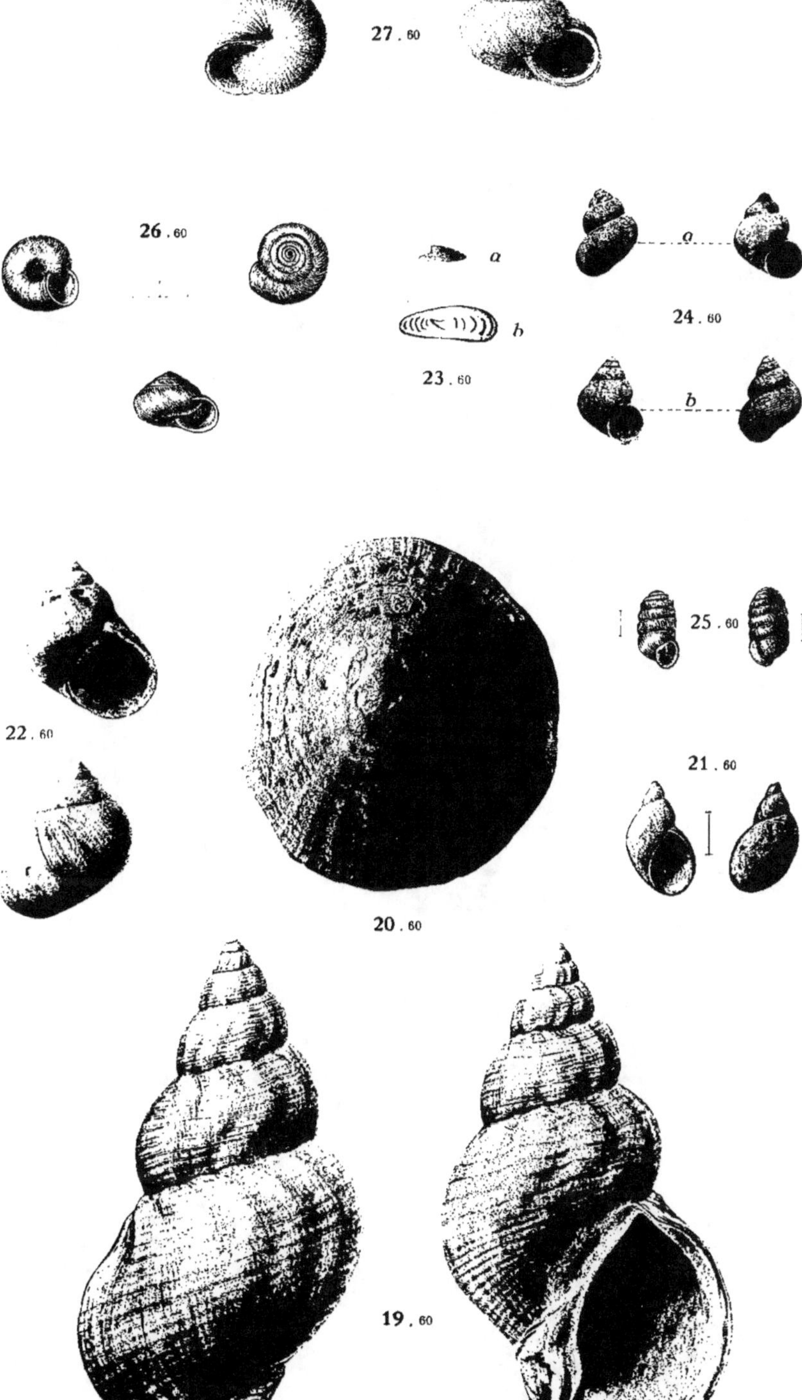
27 . 60
26 . 60
a
b
23 . 60
24 . 60
a
b
25 . 60
22 . 60
21 . 60
20 . 60
19 . 60
Imp. Tortellier et Cie, Arcueil (Seine)

Imp. Tortellier et Cie, Arcueil (Seine)

Imp. Tortellier et Cie, Arcueil (Seine)

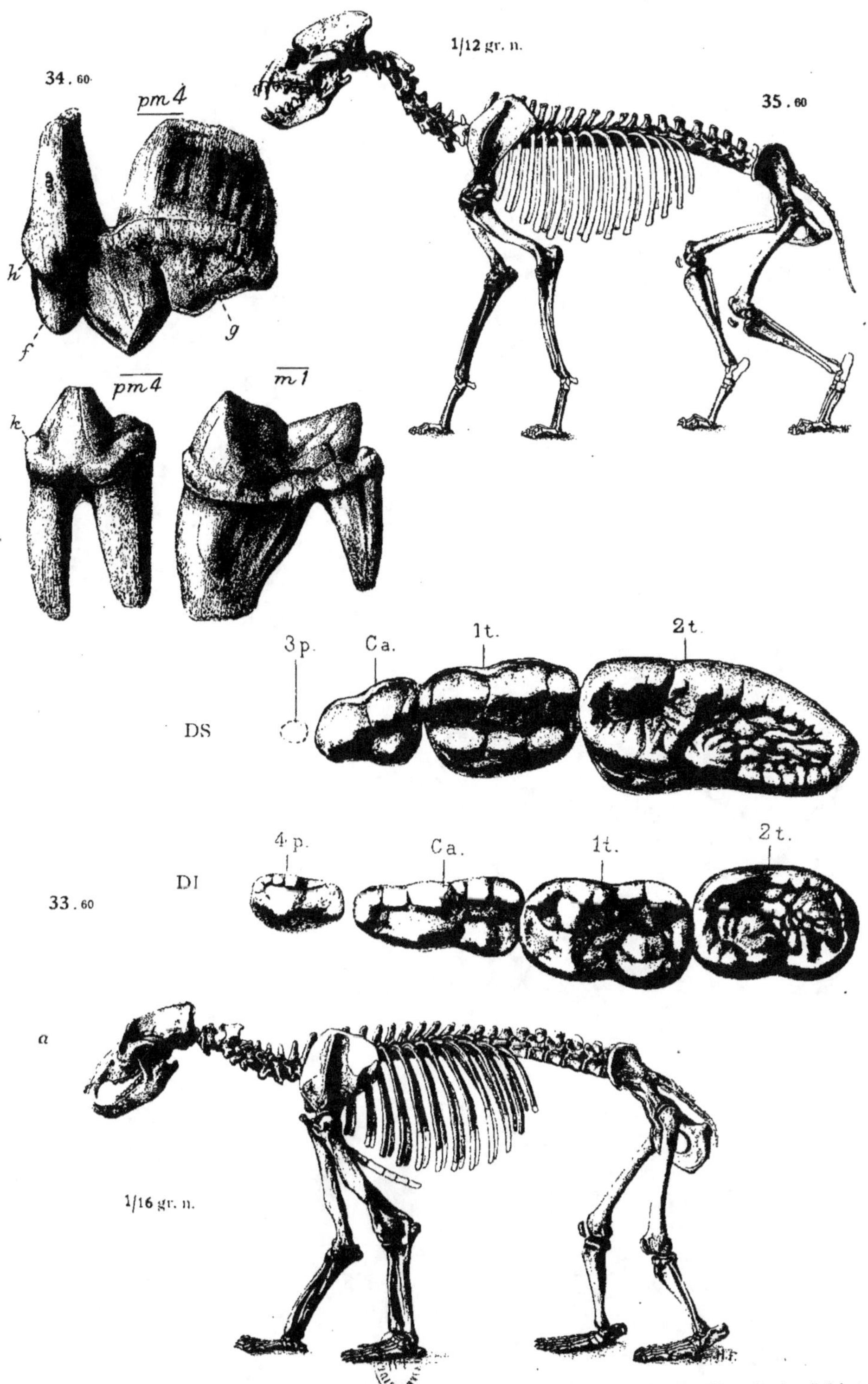

34.60
pm4
h
f
g
1/12 gr. n.
35.60
pm4
m1
k
3p.
Ca.
1t.
2t.
DS
4p.
Ca.
1t.
2t.
DI
33.60
a
1/16 gr. n.
Imp. Tortellier et Cie, Arcueil (Seine)

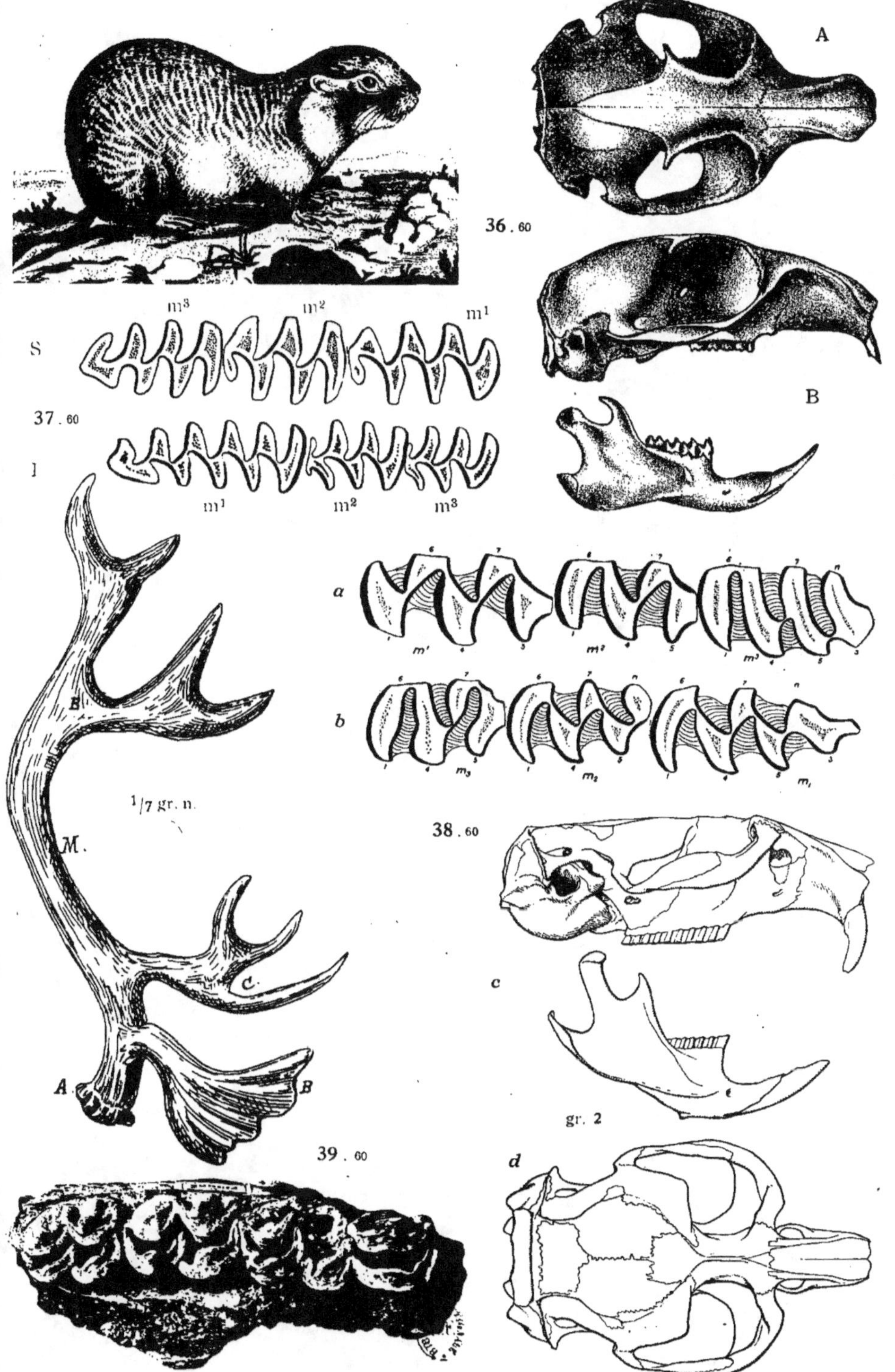

Imp. Tortellier et Cie, Arcueil (Seine)

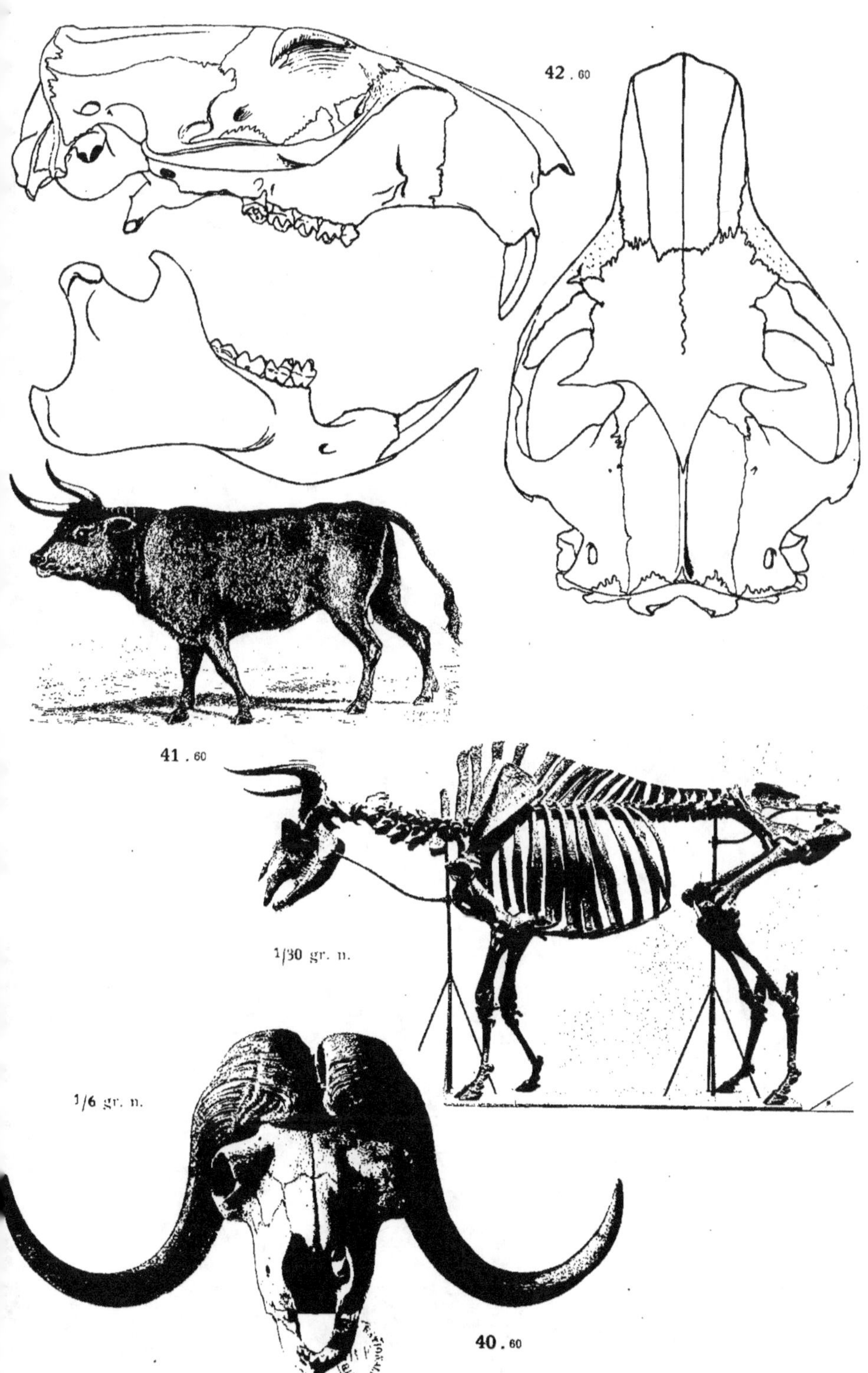

Imp. Tortellier et Cie, Arcueil (Seine)

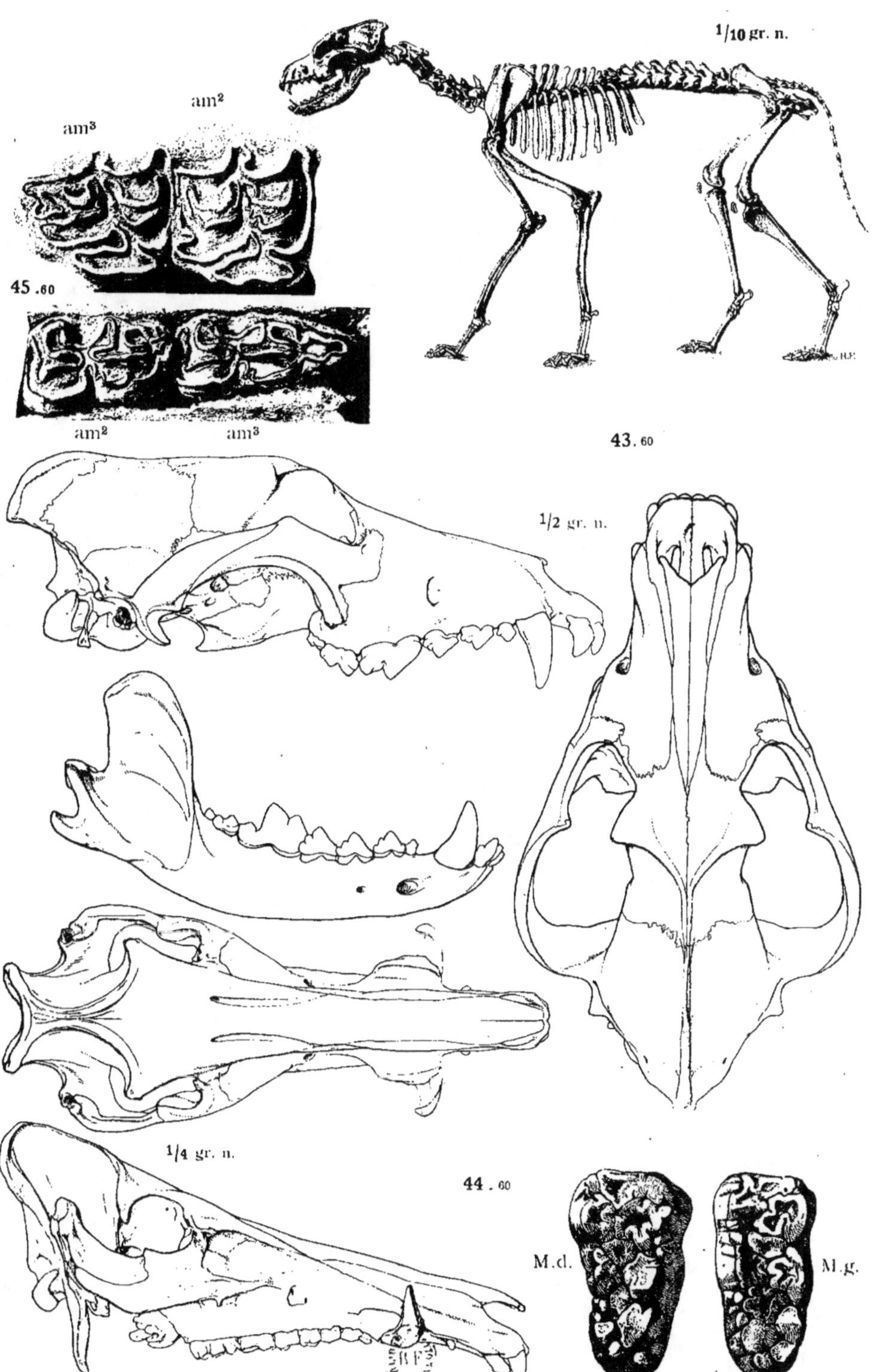

am³
am²
am³
45.60
am²
am³
1/10 gr. n.
43.60
1/2 gr. n.
1/4 gr. n.
44.60
M.d.
M.g.
Imp. Tortellier et Cie, Arcueil (Seine)